U0004602

看懂一本通

品酒入門指南

從歷史、釀製、品酒到選購，帶你認識101個實用酒知識

鄭菀儀 著

晨星出版

[推薦序]

　　綜觀歷史，大概沒有什麼飲品如「酒」一般，影響人類文明如此之深。舉凡人類的飲食、習俗、信仰、藝術、禮儀與社交等等，完全跳脫不出酒的催化，古今中外皆然。曾有人說過：「酒，是歷史長河醞釀出的一滴甘露。」這句話貼切的點出酒的本質，唯有經過多道製做工序與時間醞釀發酵熟成，才能成就溫潤順喉、越陳越香的美酒，所以酒不僅是有內涵的飲品，更是一門禁得起時間錘鍊的工藝。

　　了解各種酒類的基本知識在生活上是很受用的。幾年前，我在美國加州素有葡萄酒之鄉美稱的納帕谷，被當地的葡萄酒所懾服，毅然決然投入葡萄酒的世界，並決定到加州州立大學所羅馬分校攻讀葡萄酒商管碩士。在這段期間，我認識了我先生，他是來自西班牙的釀酒師，也是里歐哈酒莊第三代莊主。婚後我們回到西班牙，我發現當地的社交生活跟酒有著根深蒂固的關係。幸好在加州那幾年有對精釀啤酒和葡萄酒知識經驗的累積，雖然我的西班牙文還沒上手，卻因為「酒」跟當地人有了相同的語言，開啟了許多話題。西班牙人餐後喜歡再到露天酒吧喝一杯Cubata（自由古巴，當地人對調酒的統稱）。或許你想來點不一樣的，點杯Gin&Tonic，服務生就會立刻追問你想以哪一種琴酒作為基酒？是濃烈的海軍強度琴酒？清爽的倫敦琴酒？還是香甜的荷蘭琴酒？雖然都叫Gin&Tonic，但不同的基酒會調製出不同的口感，其中的學問可大了。

　　如果您是品酒新手，第一次聽到這麼多種酒，可能會不知所措，幸好本書作者都幫您想到了。本書以常見酒種為分類，並配合主題介紹各式酒款與小知識，內容面面俱到、文字淺顯有趣，佐以各種名酒的精美照片，幫助您快速辨識酒標與瓶裝特色。所以讀完這本書，我相信，能讓您應用到生活上的實用知識，絕對比您想像得更多，是本值得您收藏與反覆閱讀的好書。

加州州立大學葡萄酒商管碩士
英國葡萄酒與烈酒教育基金會高級認證
陳翊齊

[作者序]

　　您喜歡酒嗎？每次品酒時，您是否總是不自覺會產生一種衝動，想要了解這杯酒的故事、想要剖析這杯酒的祕密呢？既然您選擇翻開這本書、開始讀這篇序文，我大膽猜測答案一定是肯定的。

　　對我而言，酒是美食、是破冰的潤滑劑、更是探索文化的小徑。每每與親朋好友談論到酒類相關話題時，總會令我驚奇發現，原來大家對於杯中物的箇中奧妙及稗官野史充滿興趣，總是恨不得多了解一些，好似想以知識與文化佐酒，卻不敵美酒陳釀於人類歷史中所衍生的浩瀚知識量，徬徨不知如何入門，讓我總是不禁暗道可惜。

　　身為一個總是忍不住喜愛分享自身所愛事物的文字工作者，能有機會與您分享我近二十年的酒齡及埋首書堆、酒杯所累積的心得見解與喜愛酒款，實在倍感榮幸。本書以國人常見的酒種做分類，方便您從有興趣的酒種開始叩門，並帶入相關的知識篇章作為補充。如果您是飲酒初心者，但願這本書能如地圖為您找到喜愛的風景；若您是資深玩家，也希望書中的文字能讓您會心一笑，進而分享給其他酒友。

　　當然，酒的發展史幾乎與人類歷史文明重疊，本書篇幅有限，酒國歷史源遠流長，廣袤無垠，個人棉薄之力實在難以盡收筆尖。在此誠摯邀請您與我們共同發掘更多關於酒的迷人之處，歡迎您以線上回函或是在晨星出版的粉絲頁與我們分享推薦的酒款與動人故事，畢竟獨飲雖愜意，仍不及酒逢知己的後勁。

　　旅程開始前仍不免俗提醒各位，理性飲酒，Cheers。

CONTENTS

一、威士忌

Single Malt vs. Blended

單一純麥尊爵不凡，調和威士忌平易近人？

威士忌新手最常搜尋到的問題大宗就是－Single Malt與Blended差別為何？由於著名酒廠的單一純麥系列均價往往高於知名品牌調和威士忌，加上金車噶瑪蘭在舊金山世界烈酒競賽（San Francisco World Spirits Competition, SFWSC）的「其他產區最佳單一麥芽威士忌（Best Other Single Malt Whiskey）」項目屢獲佳績，更是推波助瀾了國人崇尚單一純麥的風氣。不過你知道嗎，所謂的單一純麥威士忌也有調和過的。

根據蘇格蘭法律規定，單一純麥威士忌需要符合「單一酒廠、麥芽是唯一穀類原料、經橡木桶三年以上熟成洗禮」三項要素，再經由專業調酒師選桶、加水稀釋調和酒精濃度至40%～50%，Single Malt就誕生了。調和後略過加水這個步驟的原酒（Cask Strength）酒精濃度大約在50%～65%之間，品嚐過程中逐次兌水感受口感香氣的變化是CS獨有的樂趣。溫馨提醒第一口務必小心啜飲，那嗆辣濃烈的激吻可是會讓每日淺嚐的酒鬼宛若處子體會到灼熱感。順帶一提，常聽資深酒咖之間熱烈討論、爭相收藏的「Single Cask」則是從單一酒廠、單一橡木桶直接瓶裝的威士忌。即使出自同樣的酒廠，不同的橡木桶仍可能孕育出截然不同的風味，換言之，這一桶分裝出來、標記上桶號與瓶號、為數不到三百瓶的瓊漿玉液是殘酷的限量品。

上述Single Malt由於產量不豐、品質不穩定，開始無法滿足與日俱增的市場需求，於是使用兩間以上酒廠原酒、兩種以上穀物原料（麥芽、小麥、黑麥或玉米）調和而成再冠上新品牌的Blended Whiskey於焉而生。穀物威士忌原料充裕、滋味溫和的特性在專業釀造師的巧手中幻化為揉合麥芽濃烈香氣及穀物清新淡雅、品質穩定又唾手可得之品酩新歡。

小知識 知名調和威士忌大廠 Johnnie Walker 在二〇一九年底與年度最佳影集—冰與火之歌聯名推出兩款限量新品—代表史塔克家族的冰原狼及坦格利安家族的火龍；兩款無論配色與口感皆分別忠實呈現凜冬將至的冷冽及狂暴烈焰的辛辣，免不了又掀起一波收藏熱。

雪莉桶 vs. 波本桶

雪莉是誰？波本又是哪位？冠了名字的桶子比較好喝？

想了解威士忌，不能不認識橡木桶。你是否曾經漫步在阿里山森林步道，沐浴在芬多精的擁抱之中，鼻吸鼻吐間滿溢沁人心脾的濃郁芬芳？請試著想像與橡木桶朝夕相處多年的威士忌在那複雜深奧的木質香水中將形塑出如何婀娜多姿的風味性格……。

由於全新橡木桶的氣味存在感太搶戲，蘇格蘭人認為掩蓋麥芽天然細緻的風味簡直是暴殄天物，因此蘇格蘭近九成酒廠都採用已經泡過其他酒類的「二手桶」，西班牙的雪莉桶跟美國波本桶是最具代表性的兩種。

雪莉桶（Oak Sherry）顧名思義就是陳年過雪莉酒的橡木桶。雪莉酒對國人而言可能是比較陌生的酒款，西班牙在發酵中的葡萄酒中加入白蘭地就製成了英國人鍾愛餐前飲用的雪莉酒；雪莉酒連桶帶酒運至英國，心滿意足喝空桶子後又可以裝自家釀造的威士忌外銷賺更大一筆回來，一兼二顧好不划算。吸收果實風味的雪莉桶賦予威士忌芬芳深沉的果乾香氛，辛辣的酒液入喉帶回葡萄、杏桃或類似烏梅的溫潤甘甜，這迷人的口感在近幾年強勢征服了愛酒人士的味蕾。

美國威士忌的法律與蘇格蘭大相逕庭，波本（Bourbon）威士忌依法規定只能在新桶中陳年，浸泡陳年過一次的波本橡木桶正好提供只採用二手桶的蘇格蘭酒莊使用，大家各取所需。波本桶陳年威士忌的顏色相對於雪莉桶是較為清澈澄淨的金黃色酒體，風味上也呈現較細緻淡雅的香草、蜂蜜或花香等清甜氣息。此外，由於波本威士忌原料多為玉米、加上波本桶經過火烤處理，在咀嚼品味間也能夠品嚐出奶油與堅果的滑順風味。

小知識 美國頗具盛名的波本威士忌酒廠金賓（Jim Beam），在二○一九年七月疑似遭雷擊而引發祝融肆虐，即便廠內配置了灑水系統，仍不敵火舌在高濃度酒精與橡木桶的推波助瀾，四萬五千桶波本付之一炬，流入肯塔基河的酒甚至造成生態浩劫。唯一可喜之處是無人傷亡，金賓也扛起責任、裝置充氣機搶救水中生命。

ABERFELDY
1999
CASK #29
55·1% ABV
OAK SHERRY
CASK
HOMEOFDEWARS

THE WORLD'S No. 1 BOURBON

LEGACY
SEVEN
GENERATIONS OF THE
BEAM FAMILY

JIM BEAM

JIM BEAM
B
SINCE 1795

KENTUCKY STRAIGHT
BOURBON
WHISKEY

MASTER DISTILLERS
SINCE 1795

FIVE GENERATIONS OF WHISKY MAKING

ESTᴰ 1887

Grant's
BLENDED SCOTCH WHISKY
CASK EDITIONS
SHERRY CASK FINISH
Uniquely finished in handpicked Spanish
Oloroso sherry casks for an unmistakably
rich, smooth & harmonious blend.

William Grant & Sons
PRODUCT OF SCOTLAND

泥煤 vs. Highland

喝起來有正露丸的味道是正常的嗎？威士忌也走藥酒路線？

除了橡木桶會形塑威士忌風味，產地也是孕育各種特色風骨的重要成因。蘇格蘭有著名的六大產酒區：高地區（Highland）、低地區（Lowland）、斯佩河畔區（Speyside）、坎培爾鎮區（Campbeltown）、島嶼區（Islands）、艾雷島區（Islay）。特別是以泥煤味繞口腔三日不絕於舌的艾雷島區威士忌最非凡獨具。

這樣離奇的特色口感是如何誕生的呢？艾雷島位處高緯度區，加上終年潮溼遍布沼澤地帶，無法完全分解腐敗的動植物屍體沉積至沼澤底部就形成了一大片溼溼黏黏稠稠的泥炭層。這灘看似不討喜的爛泥可是艾雷島居民自古以來不可或缺的日常燃料：舉凡取暖、照明、料理以及最重要的——烘烤麥芽。如同煙燻鮭魚或煙燻培根的製造過程會吸收木頭馨香的原理，燃燒泥煤烤乾麥芽的同時也忠實的將這些泥漿的味道紮實吃進麥芽裡面了。

這味道徹頭徹尾聽起來就是壞掉了，為什麼享有盛名還坐擁一堆支持者？基本上就跟臭豆腐或榴槤有異曲同工之妙，一旦沾染愛上了就會身陷奇臭中無法自拔；嚥下正露丸的下一個剎那，峰迴路轉的橙皮與橡木香氣將會把人帶入另一個境界。

高地區的威士忌風味不像艾雷島那樣獨樹一格，但歷史緣由及崎嶇地貌成就了它不可取代的地位，只要談到高品質蘇格蘭威士忌，幾乎直覺就是與高地畫上等號。當年私酒業者為了躲避稅務官的「關注」，紛紛隱居林間山野，也許是求生的意志力加上甘美純淨的水源，成就了睥睨諸島的高品質威士忌。Highland最廣為人知的品牌非大摩（Dalmore）莫屬，二○一七年佳士得（Christie）拍賣會中，一瓶62年分的單一純麥以114,000英鎊的天價華麗成交。

小知識 如果泥煤這麼特殊的口感沒有讓你卻步，甚至燃起挑戰的征服慾望，筆者私心推薦從江湖俗稱「阿貝」的 Ardbeg 入門。Ardbeg 的泥煤味單刀直入毫不囉嗦，絕對直接開啟味蕾新頁，而且該廠行銷有力，通路流通廣泛，也是非常容易取得的品牌。

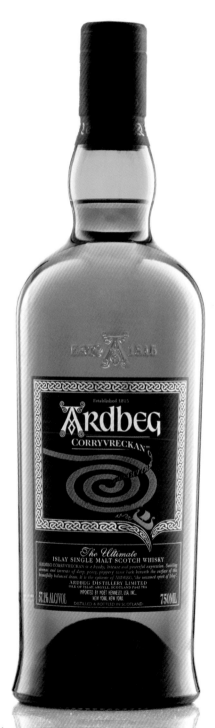

貓咪是威士忌守護神

你說這群每天睡14小時叫都叫不來的動物最照顧威士忌？

威士忌製程的第一步是浸泡大麥，穀物微微發芽之後，其中的澱粉就會轉化成糖，也就是麥芽糖酶。接下來的步驟分秒必爭，麥芽如果繼續長大就會將好不容易轉換出來的糖吃光光，那蒸餾出來就會變成燙青菜的味道，此時釀造師會使用熱氣來抑制麥芽繼續長大，維持它美好的「幼齒」狀態。傳統的做法是將麥芽厚舖在木頭地板上（約一隻貓的高度），然後燃燒地板下方的泥煤將其烘烤乾燥。這片金黃香暖的麥芽海，在飢寒交迫的老鼠眼中，想當然耳是究極版饗食天堂，而且好吃好玩又好睡，釀造廠的整片心血就會這樣在跳蚤、蝨子、嘔吐物與各種便溺中付諸流水了。老鼠藥、殺蟲劑等藥劑會嚴重破壞麥芽風味（即便是泥煤粉絲應該也不會想嘗試砒霜風味威士忌吧？），捕鼠器又成效不彰，貓自然就成為酒廠保鑣的不二人選。

了解貓咪的人一定會對於養尊處優的喵皇辦事效率有所疑慮，加上那堆麥芽山也長的滿像暖氣加持的貓砂盆，感覺似乎也不太妙……但也許是蘇格蘭酒廠代代相傳的家族與守護貓之間培養出來的革命情感與默契，元老級貓咪盡忠職守之餘也會提攜後進，讓榮譽傳統永續流傳，甚至還出現了一隻金氏世界紀錄名貓，這隻貓是世界上最會抓老鼠的貓，詳細事蹟請參考《我們是最特別的：101隻你最想認識的世界名貓》（晨星出版）。

另外，《威士忌貓咪》一書作者尼克（C.W. Nicol）原本跟出版社計畫撰寫一系列威士忌文章，卻因為貓奴攝影師森山徹（Toru Moriyama）一路捕捉酒廠貓咪、尋訪相關故事的潛移默化下，誕生了這本以貓為第一人稱視角，在高原騎士酒窖（Highland Park）守護貓亞瑟・凱特（Arthur Cat）門下學習的貓咪空想傳記兼威士忌知識書籍。

> **小知識** 關於威士忌與喵皇的情緣，臺灣也不落人後，威士忌廠商「Or Sileis 歐希嵐斯」與粉絲團「貓酒私房沙龍」於二〇一九年執行的《愛護石虎雙桶威士忌計畫》推出兩款繪製可愛石虎於瓶身的限量威士忌，將所得全數捐贈石虎保育專戶，讓消費者享受美酒的同時，也為生態盡一分心力。

TOWSER
21 APRIL 1963 – 20 MARCH 1987
TOWSER THE FAMOUS CAT WHO LIVED IN THE STILL
HOUSE . GLENTURRET DISTILLERY FOR ALMOST 24
YEARS . SHE CAUGHT 28 899 MICE IN HER LIFETIME
WORLD MOUSING CHAMPION GUINNESS BOOK OF RECORDS

005 蘇格蘭威士忌滿滿的「Glen」

怎麼買來買去都是格蘭？這幾間是親戚分家開的嗎？

　　這裡做個小小的測試，如果要立即說出十間市面常見的威士忌品牌，你的答案會是什麼呢？麥卡倫（Macallan）、格蘭立威（The Glenlivet）、百富（Balvenie）、格蘭傑（Glenmorangie）、格蘭羅塞斯（Glenrothes）、格蘭菲迪（Glenfiddich）、蘇格登（Singleton）、約翰走路（Johnnie Walker）、格蘭冠（Glen Grant）與金車噶瑪蘭（Kavalan），不難發現Glen的比例之高。即便名稱相似，卻不代表這些酒廠有血緣關係或合作往來，風味格調上也可能迥然不同，地緣關係是它們唯一的連結。

　　Glen在蘇格蘭語中的字義是河谷，由於釀造威士忌需要大量水源，蒸餾場直接臨水而建，命名自然也藉地利之便就像「清水米糕」、「古坑咖啡」一樣合理。然而除了汲水便利之外，蒸餾場退居山谷其實還有一段「避風頭」的歷史淵源。隨著威士忌擄獲愛酒人士的真心與荷包，樹大招風的釀酒業自然難逃國稅局的熱烈追求，眼看著日漸成長的消費額，一六四四年時蘇格蘭政府決定對烈酒課以重稅，設立各種綁手綁腳的法規如蒸餾器高度、數量等諸多限制。許多釀酒師為了討生活就這樣躲進河谷繼續釀造人生，也因此躲進這區的Glenmorangie擁有全蘇格蘭最高的5.14公尺蒸餾器。

　　關於滿街Glen的理由還有一種小道說法。創立於一八五九年的格蘭立威一度是最受歡迎的品牌，在那個商標意識還不嚴謹的年代，投機酒廠們紛紛假借「Glenlivet」名號招搖撞騙。一八八一年時，創辦人的孫子Smith Grant深切體認此風氣不可助長，便採取法律途徑教訓這些撿現成的不肖分子，同時為酒廠名稱冠上「The」，宣示「The Glenlivet」不可撼動的正統地位。格蘭立威贏得漂亮的一勝，但敗訴的許多酒廠依然沿用「Glen」為其品牌命名。

> **小知識**
> 同場再加映一個glen—Glenrothes，這間百年酒廠的品質自然無須置喙，而特別一提的原因是……他實在長的太可愛了啦！渾圓矮胖的外型像是會出現在實驗室的物品、又像是特殊客製化的香水，放在其他品牌旁邊就是獨樹一格；連筆者滴酒不沾的朋友都買了一組囊括不同年分的限量紀念組來收藏呢！

威士忌該怎麼喝？
想加冰塊卻被說浪費好東西，難道只能純飲才是王道嗎？

1. 純飲（Neat）：什麼都不加，直白乾脆的倒進杯中就是Neat，優點是能夠品嚐威士忌最原始完整的風味，感受調酒師產地直達的心意。另一種聽起來很像的「Straight up」，是加入冰搖晃後，再將冰塊濾掉，雖然端上來的酒乍看跟Neat相同，但溫度跟口感都有微妙的差異。

2. 加冰（On the Rock）：無論是在廣告或電影影集中，相信你一定看過bartender將方形冰塊鑿成晶瑩剔透的圓球，傾瀉而下的威士忌與這球專屬於你的冰山，交織成醉人心脾的炫目奇景。圓球形冰塊能緩解酒精感過重的嗆辣衝擊，卻沒有小型冰塊因融解速度太快而過度稀釋酒體導致風味喪失的缺點。

3. 水割（Mizuwari）：日本人發明的水割法是先將上述的圓球冰塊放進高球杯（Highball）或可林杯（Collins）中，然後將威士忌跟水以「1：2」或「1：3」的比例調和，創造柔和可人的清新口感，初嚐威士忌的人也能毫無負擔的輕易入喉。

4. 調氣泡水（Highball）：又一個日本人發揚光大的點子。Highball喝法其實可以追溯至十九世紀，在高球杯中放入大冰塊後，將威士忌跟碳酸飲料以「1：2」或「1：3」的比例調和，帶有氣泡的爽口風味在悶熱季節中瞬間通體舒暢。三得利（Suntory）由於市場反應長期低迷，為了讓自家相對較無「個性」的「角瓶」重返競爭行列而研發出角瓶加上碳酸飲料與檸檬的酒譜，不但奇蹟重生，更席捲年輕人市場。以同為旗下品牌的汽水C.C.Lemon調製的角High更是燒肉店熱門飲品。

小知識 對於調酒初心者而言，威士忌可樂必然是探索首選，無論對酒味有多陌生卻步，只要增加可樂的比例就能暢快入喉。而能見度高又平價的 Jack daniel 早已是居家小酌、派對豪飲的熱門基酒，為了連可樂的錢一起賺……不，是為了方便消費者，更是在二〇一九年直接出了一款「Jack&Cola」威士忌可樂。

威士忌神之鼻

保險大家都有買，但你聽過投保260萬美元的鼻子嗎？

　　瀏覽威士忌櫥窗時，你是否曾經駐足欣賞鑲嵌於酒瓶上那閃爍著炫目銀光、彷彿自豪於名門望族之尊的精美鹿首圖騰？相傳於西元一二六三年時，蘇格蘭國王亞歷山大三世（King Alexander III of Scotland）某日狩獵時遭受發狂失控的公鹿襲擊，眾卿無不花容失色落荒而逃，唯獨麥肯錫（Mackenzie）家族族長科林（Colin of Kintail）奮不顧身上前護駕，國王才免於遭遇不測。為了感念這份忠心護主的英勇之舉，亞歷山大三世授予麥肯錫家族「12叉鹿角鹿首」皇室勳章，並且賜與「Luceo Non Uro」這段蓋亞語意為「耀眼璀璨，永不燃盡（I shine, no burn）」之榮譽銘文。麥肯錫家族自一八六七年取得大摩（Dalmore）經營權後便於品牌冠上鹿角勳章。

　　讓大摩成就攀至無上高峰的幕後功臣非首席調酒師理查‧派特森（Richard Paterson）莫屬。被讚譽為行動威士忌百科（walking Whiskipedia）的Paterson出身威士忌釀酒世家，八歲時初嚐第一口威士忌結下不解之緣後，承襲祖父與父親的衣缽並青出於藍獲獎不斷。二十六歲成為最年輕首席釀酒師，二〇一三年入選《威士忌雜誌》（Magazine）名人堂，二〇一五年更獲頒「葡萄酒與烈酒基金會」（WSET）終身成就獎。而最為人津津樂道的是據信曾透過英國勞埃德保險社（Lloyd's of London）為他的「嗅覺」投保260萬美元，雖說此事未取得當事人正面回應，也可能是造神的都市傳說，但世人對於Paterson的景仰與其奉獻威士忌之情可見一斑。

小知識　你也聽過身邊女性友人抱怨威士忌的嗆辣蠻橫讓她無法接受嗎？試試神之鼻的傑作吧！大摩12年單一麥芽威士忌（Dalmore 12 YO Single Malt Scotch Whisky）在芳齡30年的西班牙雪莉桶中熟成，濃郁厚實的果香味像蜜餞般餘韻悠長，想不被征服也難。

版權歸屬於：Scruggelgreen/Shutterstock.com

Whiskey跟Whisky竟然不一樣？
差一個「e」有什麼不同？可不是寫錯以訛傳訛這麼簡單

Whiskey和Whisky兩種拼法的嚴重分歧來自紐約時報（The New York Times）怒不可遏、投訴不斷的讀者。過去紐約時報無論產地、原料、製程有別的威士忌，一視同仁統稱為「Whiskey」而遭受大力撻伐，專欄作者艾瑞克·艾西莫夫（Eric Asimov）更於二〇〇八年十二月「Whiskey versus Whisky」一文開頭開宗明義提問：「我正在尋找一位沒有因為我將斯佩河畔區單一純麥威士忌拼成Whiskey而森七七的人，如果你剛好就是那個人，請聽我解釋好嗎？」究竟這「兩種」威士忌差別為何，以下簡單分類為幾點：

1. 國家：蘇格蘭（Scotland）、加拿大（Canada）、日本（Japan）等國名中沒有「e」的國家採用「Whisky」這拼法；而愛爾蘭（Ireland）、美國（United States）國名中存在「e」的則習慣拼寫為「Whiskey」。

2. 蒸餾廠：有別於堅持只採用「壺式蒸餾器」（Pot still）生產麥芽威士忌的蘇格蘭、愛爾蘭同時也採用「柱式蒸餾器」（Column still），一個蒸餾廠中同時生產麥芽威士忌與穀物威士忌。也是因為如此，這群在「英雄本色」（Braveheart）死不屈服的慓悍民族怎麼能接受驕傲的單一純麥Whisky被混為一談？

3. 蒸餾次數：愛爾蘭的Whiskey會經過三次蒸餾，相對於二次蒸餾的蘇格蘭Whisky有著輕盈滑順、淡雅可親的酒體風味。

4. 泥煤：雖然蘇格蘭與愛爾蘭是鄰居，風土氣候差異不算太大，但愛爾蘭煙燻麥芽時幾乎不使用泥煤，而是選擇石灰以維護清新口感。只有康尼馬拉（Connemara）是可以稱為「Whiskey」的泥煤風味威士忌喔！

小知識 你知道愛爾蘭咖啡為什麼非愛爾蘭威士忌不用嗎？無論是波本桶或是雪莉的甜味跟桶味都會跟酒譜中的其他元素產生衝突，唯有經過三次蒸餾、口感很好相處、有著獨特穀物清甜芬芳的愛爾蘭威士忌才能與咖啡「香」得益彰，擁有四百年歷史的愛爾蘭威士忌——Bushmills自然是首選。

威士忌跟啤酒其實是遠房親戚

啤酒表示：只差那麼一步，我就可能長成威士忌了

舉凡酒精濃度、風味口感及飲用時機，威士忌與啤酒之間的巨大差異總讓人覺得它們是完全不同世界的族群；啤酒就像炎炎夏日的夜晚與你一同穿著球衣、為球賽歡呼吶喊的熱血朋友，威士忌則是下班後鬆開領帶、略微沉默卻蘊含人生哲理的大叔。但正如同每個男人都曾經是男孩，啤酒跟威士忌之間的共通點可能比你想像的多一些，讓我們從威士忌製程來解釋這淵源吧。

1. 發芽（Malting）：為了將大麥（Barley）或其他穀物中的澱粉轉化為糖，必須先在熱水中浸泡發芽，然後將其烘乾避免植物繼續成長消耗甘美的糖分。

2. 磨碎（Mashing）：將冷卻儲藏後約一個月的麥芽研磨成粉，加入熱水使糖分溶解其中煮成麥芽汁。此時的水源、水量、溫度與浸泡時間都會大大左右風味的走向，一點也輕忽不得。

3. 發酵（Fermentation）：麥芽汁冷卻之後加入酵母菌來發酵兩三天，這番洗禮將糖分轉化為酒精後，就能取得酒精濃度約5%～7%的啤酒了！咦？等等，說好的威士忌製程呢？威士忌與啤酒到這裡為止的生產步驟其實相當一致，決定成為男人的關鍵就在下一步——蒸餾。

4. 蒸餾（Distillation）：蘇格蘭威士忌通常會蒸餾兩次，第一次蒸餾後得到酒精濃度約20%～25%的原液，第二次蒸餾後就會達到60%～70%的酒精濃度。蒸餾次數愈多，酒質自然會愈純淨，但相對也會削弱麥芽穀物的天然香氛。

5. 陳年（Maturing）：選定希望酒體日後形塑的風味，裝進橡木桶後就是耐心等待再次開桶的那一天。

最後經過調酒師精心調和及釀造廠裝瓶貼標之後，威士忌就完成了。曾經，啤酒與威士忌走在重疊的人生道路上，因為選擇了不同的叉路而各自活出截然不同的精采酒生。

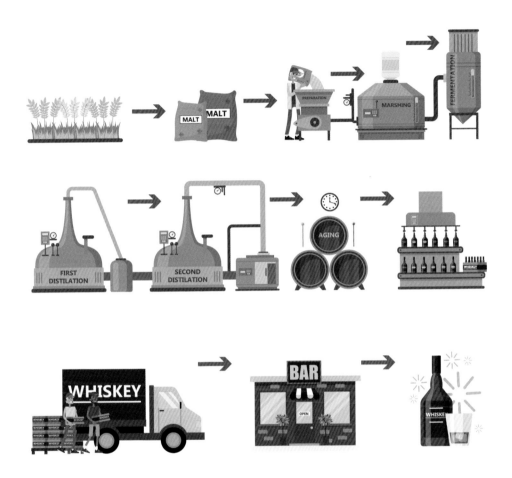

版權歸屬於：Inspiring/Shutterstock.com

小知識　既然本是同根生，愛爾蘭酒廠 Jameson 決定讓他們的關係再深厚一點。Jameson 將自家調和威士忌再度放入泡過 IPA 啤酒的橡木桶作為最後一個階段的桶陳，品味威士忌的同時，還多了啤酒花的香氣。市場反應應該不錯，因為他們之後又多出產了一款 Stout（烈性黑啤酒）版本呦！

天使也愛威士忌

早在國稅局伸出魔爪之前，酒廠就已經被天使洗劫一輪了！

　　蒸餾後的威士忌裝進橡木桶陳年後，由於橡木桶不是完全密封的玻璃瓶或金屬瓶，隨著時間的推移會自然的蒸散一定比例的酒。以蘇格蘭的氣候狀況而言，每年大約會消失2%的心血，溫度愈高的地區蒸散速度更是驚人，住在臺灣橡木桶中的原酒估算每年就會被偷走8%。然而為了使威士忌在桶中順利熟成，釀成深沉複雜的醉人美酒，桶中的損失自然就變得值得。因此，這些消失的酒液被賦予了「天使分享」、「天使稅」（Angel's Share）之美名，滿滿正能量地感謝天地萬物賜予我們生命之水，這點損失就當作飲水思源的回饋吧！

　　開始收藏威士忌的玩家一定對於「年分」充滿各種綺麗幻想與誤解，也許你我身邊的朋友都可能天真的想過「威士忌好像愈老愈貴，那我買一瓶12年的再放12年，它就變成24年囉？」。首先，年分不完全是品評威士忌優劣的準則，再者，威士忌的年分在取出裝瓶的那一剎那就凍齡了，停止陳年的威士忌，風味口感自然不再受橡木桶影響，它的「年歲」也不會再往上增長。畢竟瓶子密封後天使再也喝不到了，無法在享用的同時再對威士忌注入其他神奇魔力。

　　知道威士忌在桶中年年流失的真相後，是否對於62年的大摩單一純麥威士忌燃起更大的敬意與好奇心？數量之珍稀不言而喻，那積年累月蒸散濃縮同時又醞釀六十二年桶味的威士忌會是多麼濃郁深奧的滋味？

　　曾執導電影《吹動大麥的風》的英國名導肯‧洛奇（Ken Loach）於二〇一二年推出了名為《天使威士忌》（The Angel's Share）之佳作，劇情簡而言之就是對未來迷惘的年輕人在一次被判社區服務的責罰中，認識愛威士忌成癮的輔導員，助他發掘天賦走向正途的溫馨小品，雖然劇本中有點小瑕疵，但還算是瑕不掩瑜，而且環繞蒸餾場與威士忌總是賞心悅目的。

小知識

　　《天使威士忌》一片中，主角的社區輔導員為了慶祝主角當爸爸而開封的珍藏寶貝—雲頂（Spring Bank）32-Year-Old。堅持不加焦糖調色以維持金黃澄淨的色澤、三次蒸餾的口感滑順清爽、32年累積的滋味令人無限回味，就像這個熱心的好人一樣，溫暖自然讓人毫無壓力，令人印象深刻。

威士忌是清白的
威士忌的顏色跟原料完全沒有關係！

　　許多人在選購威士忌時都會尋求店員協助，通常也會獲得熱心的回應解說。不過，如果哪天遇到店員這樣說：「你看這液體黃金般的耀眼光芒多麼賞心悅目，這都是因為原料採用品質特優的大麥喔！」無論態度再親切、笑容再誠懇，都不應該相信他的推薦。倒不是用詞浮誇有什麼不妥，其中的盲點在於──蒸餾後的酒液透明的跟伏特加一樣，根本看不到一點點麥田的影子。

　　那威士忌的顏色是怎麼來的呢？

1. 橡木桶：經過陳年熟成的歲月點滴，酒體自然著色成為我們手中的琥珀色。但是！想以顏色深淺認定威士忌的年分與風味強度是完全不可行的！例如浸泡過雪莉桶的威士忌在葡萄酒天然色素的浸染下，顏色必然會比波本桶深上許多，甚至年分較低的雪莉桶膚色也可能比年長的波本桶來的「健康」。

2. 焦糖：焦糖有個神奇的特性，當加熱到180度徹底「焦化」後，含糖量便大大降低轉為黑色素，此時已經讓人嚐不出甜味的焦糖常被廣泛作為調色劑使用。蘇格蘭威士忌協會（Scotch Whisky Association）的規定中也明訂在合理範圍內可使用「E150a」（將碳水化合物加熱而製成，沒有使用銨類化合物及亞硫酸鹽化合物）焦糖。「為什麼要著色？這樣是欺騙消費者嗎？」即便是年代跟使用次數相同的橡木桶，在威士忌陳年的這段時間過後也難保之間不會有任何色差，調色的目的純粹是為了保持商品的穩定及一致性，也降低消費者疑慮。但基於食安意識高漲、食品添加劑被妖魔化，許多酒廠也傾向於不添加焦糖了。

小知識
　　那淺色的威士忌可能做得出來嗎？《Death's Door White Whisky》在橡木桶中僅僅待了72小時，外觀神似伏特加的它可是不折不扣的威士忌家族一員。介於龍舌蘭與清酒之間，還帶點香草風味的它比其他傳統威士忌更泛用於雞尾酒的調製。

威士忌跟女人一樣是水做的

喝山泉水長大的酒一定會比較美味嗎？

如果風味是形塑威士忌個性的靈魂，水就像是支撐所有元素的骨幹，從發芽、磨碎到最終調和，穀物轉化成威士忌的過程都需要有水的參與。為了方便取得純淨充沛的水源，許多釀酒廠都選擇跟河谷比鄰而居，如同我們先前提到的各家「Glen」。究竟威士忌醞釀的過程中需要喝多少水呢？製造一瓶700毫升的威士忌，需要用上至少10～15公升的水；蘇格蘭的量產王Glenfiddich（葛蘭菲迪）酒廠一年可推出1,000萬公升的威士忌，用水量可以自行計算看看。

水在威士忌製程中扮演的角色之舉足輕重相信已經表達的十分明確，許多業務在推薦自家商品時，也喜歡強調採用自然純淨的優質水源是成就高品質威士忌的關鍵，各家釀酒廠也喜歡根據喜好選擇較不影響酒體面貌的軟水或性格濃烈的硬水。不過，威士忌風味口感真的會受到水的影響嗎？

浸泡大麥時所使用的水在下一個階段的烘乾過程所剩無幾，能夠留下的影響也趨近於零，磨碎麥芽後加入混合成麥芽汁的水也在蒸餾的過程中被大肆揮發取代。這時也許會有人反駁，最後調和加入的水總不會消失了吧？入桶前調和稀釋的水為了避免傷害酒體，通常都會採用最嚴謹檢測，過濾後最純淨無個性雜質的「蒸餾水」可謂對風味影響最低的一種水。

當然，這些片面之詞仍不足以說服水的擁護者，蘇格蘭威士忌相關學術單位為此進行了水質與威士忌風味關聯的實驗，其中包括互相交換不同產區用水。研究結果發現水質對風味生成的影響不大，即便軟硬水對於發酵過程和口感可能有些許作用，但是其他因素（原料、溫度、時間及調酒師等）還是主導最後成品表現的關鍵。

小知識 日本人對原物料的追求是有名的講究。日本環境省於一九八五年在全國選定 100 處名水，其中位於大阪水無瀨神宮附近的名水百選之「離宮之水」，被日本威士忌「山崎蒸餾廠」欽點為御用之泉，換言之，每一口山崎威士忌的水質都是日本政府認證的純淨甘美。

威士忌年齡之謎

威士忌也會謊報年齡？最年長的威士忌究竟有多老？

威士忌裝瓶的剎那，它的年分就凍結在那一刻了，這表示我手上那瓶標示12年分的威士忌是在裝滿的橡木桶裡睡了12年的威士忌對吧？不對！

讓我們一起回想單一純麥威士忌需要符合的基本三要素：單一酒廠、單一原料（大麥）、陳年橡木桶（使用超過三年以上）；上述條件並沒有限制威士忌必須來自同一個橡木桶。由於每個橡木桶的風味都是獨一無二帶有微妙差異，為了確保商品的品質與一致性，調酒師善用他們過人的嗅覺與經驗精心挑選單一酒廠中不同的橡木桶以調和出酒廠應有的風貌。標籤上所註明的「12年」是指混合其中最年輕的一個年分，我們品味單一純麥12年的同時，也可能享受著部分15年的老酒，這樣聽起來似乎挺划算的，也難怪從來沒聽過消費者抱怨威士忌把自己年齡報小。

不過既然開了年齡的話匣子，會不會很好奇現存最老的威士忌是哪位呢？這裡討論的不是「年分」最高的威士忌，而是裝瓶之後一路保存至今的金氏世界紀錄保持者一百四十八歲的 Glenavon Special Liqueur Whisky。二〇〇六年倫敦的邦瀚斯拍賣行（Bonhams auction house）受一個愛爾蘭家族委託，想鑑定出售一瓶代代相傳的威士忌。拍賣找來威士忌業界權威大師Charles MacLean查證真偽，結果發現是個不折不扣的真貨！Glenavon酒廠的所有人曾在父親的酒廠幫忙，後來於一八五一年自立門戶，卻在一八五八年歇業。然而這條重大線索也透露這瓶酒誕生的時間不太可能晚於一八五八年。多虧這個愛爾蘭家族對這瓶容量不到四百毫升的威士忌如此珍藏，讓酒廠短暫的存在跟保存完善的酒液一同抵擋時間洪流，重現世人關注。

小知識 想嘗試年分威士忌卻陷入選擇障礙嗎？那不如試試專業推薦吧！二〇一八年開始的「TW.WA（Taiwan Whiskies Awards）」臺灣威士忌大賞根據臺灣人的喜好區分8個組別，每年嚴選出最推薦酒款供消費者參考。二〇一八在「15年以下調和威士忌」組獲得銀牌的「格蘭8年調和威士忌（Grant's 8 yo Blended Scotch Whosky）」帶有淡淡龍眼乾與麥芽糖風味、順喉不刺激。最大的優點是，能見度極高的格蘭8年取得十分容易而且超！平！價！

阿政與愛莉

天才總是走的太前面，世人總在他們離世後才終於跟上腳步

日本廣播協會（NHK）於二〇一四年播出的《阿政與愛莉》，是講述日本威士忌之父——竹鶴政孝追逐威士忌的夢想及其與蘇格蘭愛妻相互扶持的溫馨故事，此劇放送後大受好評，不僅造成余市威士忌熱銷一瓶難求，更帶動了北海道觀光熱潮。然而相較於後人編織的美好劇本，史實總是不免蒙上一層遺憾。

生於清酒世家的竹鶴政孝自幼在耳濡目染的陶冶下對釀酒培養出濃厚興趣，排行三男的他卻礙於日本由長子繼承家業的傳統而無緣承襲。一九一六年自大阪高等工業學校釀造科畢業後，竹鶴投身攝津酒造，開啟了製造洋酒的事業生涯。為了吸收專業威士忌知識，攝津酒造社長任命竹鶴遠赴蘇格蘭攻讀化學系並積極造訪蒸餾廠。歷經數次碰壁後終於在Longmorn爭取到一週的實習機會，並娶回美嬌娘。一九二〇年回到日本後，不被接受的異國婚姻迫使竹鶴離家自立門戶，偏偏又遇上戰後經濟蕭條，攝津酒造放棄國產威士忌，竹鶴只好到中學擔任化學教師。所幸他失意不算太久，一九二三年時壽屋（今日的三得利Suntory）社長鳥井信治郎想研發國產威士忌，便重金禮聘了學成歸國的竹鶴。鍾情正統蘇格蘭威士忌的竹鶴希望蒸餾廠設置於氣候條件最為相近的北海道，卻因交通不便也不利參觀被鳥井斷然拒絕。到了一九二九年推出的第一支國產威士忌「サントリー白箚」，又因為風味太「道地」無法贏得日本人青睞，但堅持蘇格蘭風味的竹鶴仍不願意妥協鳥井的要求改變釀造方式，最終離開壽屋，回到屬意的北海道建立「余市蒸餾所」。

三得利於一九三七年推出的調和式威士忌——角瓶大受歡迎，然而由於時代變遷，單一純麥威士忌成為市場趨之若鶩的主流。角瓶淪為平價飲品時，竹鶴已無緣見證自己的心血終獲肯定。

小知識　隨著余市名氣水漲船高，不僅價格飆漲，市面上更是一瓶難求，若是到北海道旅遊，該選哪一支回家呢？根據筆者個人經驗：都別錯過！筆者某日在一間餐酒館瞥見櫥窗展示的非賣余市威士忌，成功以無辜小狗眼神讓 bartender 販售單杯，那滋味至今依舊難忘；雖然是無年分的酒款，細緻甜美的質地搭配低調溫和的泥煤芬芳，讓人希望入喉的每一秒都能常駐。

015

臺灣之光金車噶瑪蘭

轉劣勢為優勢，先獲得專業肯定就能征服世人

⟡⟡

二〇〇五年設廠，二〇〇六年三月十一日下午15:30蒸餾出第一滴新酒，二〇〇八年十二月四日時，第一支作品「噶瑪蘭經典單一麥芽威士忌」甫上市，旋即震撼二〇一〇年蘇格蘭伯恩斯之夜（Burns Night），在盲飲測試中擊敗三支蘇格蘭威士忌及一支英國威士忌拿下第一名的評比，更讓二〇一〇年的麥芽威士忌年鑑（Malt Whisky Year Book）首次將臺灣列入威士忌產區。在一戰成名後更乘勝追擊獲獎不斷：二〇一三年以「噶瑪蘭經典獨奏波本桶威士忌原酒」榮獲IWSC國際葡萄酒暨烈酒競賽（International Wine & Sprit Competition）特金獎、二〇一四年以「噶瑪蘭經典獨奏雪莉桶威士忌原酒」獲得MMA麥芽狂人競賽（The Malt Maniacs Awards）金牌……。上市不過幾年的光景，卻已席捲全球各大競賽，奪得兩百八十面以上的金牌。

金車噶瑪蘭究竟如何迅速打造征服世界的帝國？臺灣於二〇〇二年加入WTO（世界貿易組織）、開放民營釀酒廠的時機催生了董事長李添財父子的釀酒夢。總經理李玉鼎帶著父親的期待走訪蘇格蘭及日本知名酒廠學習專業知識，在巨人的肩膀上建立自家基礎，並聘任蘇格蘭傳奇釀酒師Jim Swan擔當酒廠顧問。臺灣亞熱帶氣候不適於原料大麥栽種，原料便一律採用進口高品質大麥，Jim Swan設計的五層式熟成倉庫配合在地氣候，加速熟成的酒體讓年輕的兩年威士忌具備超越蘇格蘭三年的風味。

事實上，第一支酒上市後並沒有引起消費者的關注，但李氏父子對產品的信心鼓舞他們勇於參賽，以成績服人後如願迅速累積名氣與銷量。二〇一八年再度於IWSC國際葡萄酒暨烈酒競賽贏得一面特金獎及兩面金牌同時，李氏父子更雙雙入選威士忌名人堂。

小知識 很想支持臺灣之光，但是錢包太瘦該怎麼辦呢？噶瑪蘭簡直像是聽到這樣的心聲，二〇一八年推出的「臺灣噶瑪蘭珍選單麥芽威士忌」，一千元就能入手！而且僅限臺灣地區販售，回饋鄉親的意味極濃，完全是支持在地的入門首選無誤。

紅酒、白酒、粉紅酒

紅茶加牛奶等於奶茶，那粉紅酒是紅酒加白酒嗎？

○˛○

記得有天選酒時看到一位業務非常熱心的為一對情侶介紹酒款，好奇心驅使下決定在旁邊閒晃偷聽也省得她再跟我說一次。「我跟你說吼，白酒就是用白葡萄酒做的，紅酒是用紅葡萄，粉紅酒就是紅葡萄只有泡一下這樣。」然後我就逃離現場了。雖然不能百分之百否定她的敘述，但我們還是澄清一點誤會吧。

紅葡萄酒（Red Wine）：威士忌的顏色取決於橡木桶，葡萄酒則是來自葡萄皮。釀造者採收葡萄、去梗除葉淘汰雜質爛果後就會連皮帶果進行第一次發酵，如此才能保留最完整濃厚的酒色。接著榨汁過濾後再次發酵，這個階段的熟成程度會決定葡萄酒的甜度，熟成度愈高甜度愈低，完全發酵熟成的葡萄酒是無冰無糖的概念。除去沉澱在底部的殘存雜質完成「除渣」就可以入桶熟成。

白葡萄酒（White Wine）：白葡萄酒的原料，通常是取用夏多內（Chardonnay）與雷斯令（Riesling）這兩大白葡萄望族。然而，紅葡萄一樣可以當作釀造白葡萄酒的原料！鼎鼎有名的紅葡萄「黑皮諾」去皮釀成的白葡萄酒即為經典的「黑中白」。紅葡萄酒與白葡萄酒製程中的決定性差異在於：白葡萄酒採收後就直接去皮榨汁，略過紅酒第一個浸皮發酵的過程。

粉紅酒（Rosé）：1.浸皮法（Maceration）：簡而言之就是在製作紅酒的過程中觀察色澤，通常約幾小時後呈現出粉紅色就會剔除果皮避免繼續增色。2.灰葡萄酒法（Vin Gris）：不藉由浸泡，而是將紅葡萄於自然壓榨的過程中輾壓出理想的粉紅色。由於紅葡萄品種通常稱為「Noir」（黑色），只取其淡淡色澤就被稱為灰（Gris）葡萄了。3.放血法（Saignée）：製造紅酒時為了加強顏色風味，有時會選擇放掉10％的果汁，這10％就會製成Rosé。聽起來跟浸皮法有87％像，但放血法顏色較深，風味也更濃。

> **小知識**
> 筆者始終記得自己首瓶一口氣獨飲完的白酒—Black Tower Rivaner（黑塔甜白酒）。當時正在拜讀 Stephen King 的史詩鉅作《Dark Tower》（黑塔），想說買個飲料搭配經典，竟然正巧瞥見這隻同名又平價的酒，豈有不帶回家的道理！冰鎮後清爽不過甜的風味，黑塔讀不到一半，黑塔已經見底。

年分愈久一定更好？

買瓶紅酒代代相傳，百年後打開會變成夢幻逸品嗎？

根據考古文物的佐證資料顯示，距今一萬年前，相當於新石器時代的外高加索地區出土大量葡萄種子，據信六千年前的古代波斯帝國是歷史最悠久，具一定程度規模釀造生產葡萄酒的地方。葡萄酒隨著古代戰爭一路傳至埃及、希臘，最終在歐洲發揚光大。這些先後崛起的國家貌似拓展版圖吞併各國，實則開拓了眾人臣服於葡萄酒魅力的康莊大道。

「時間」似乎總有一股難以言喻的吸引力，愈是久遠愈令人嚮往。然而，葡萄酒真的得陳年才有價值嗎？這樣的刻板印象又是如何形成的？

適飲期：裝瓶後的葡萄酒仍會默默的進行一段熟成，讓酒液從生澀酸苦轉為柔滑圓潤。首先酒體中的單寧（葡萄酒中的酚化合物）隨著時間氧化轉為較大的分子，當分子大到無法卡進味蕾受器時，大腦感知就會認定入口的液體如絲滑順。也許就是這段時間賜予的美好轉變讓我們產生「愈陳愈香」的信念，不過葡萄酒跟新鮮水果一樣有年輕（未熟）、適飲（香甜）、老化（發黴爛掉）的階段。葡萄酒蘊藏的時間過長，酒體中恭候多時、蠢蠢欲動的醋酸菌終於將酒精轉化成醋酸，手中的美酒反倒會變成工研醋了。

特殊年分：看過葡萄酒漫畫經典《神之雫》的讀者一定都很熟悉「天（年分）、地（風土）、人」的重要性，三者相輔相成缺一不可，靠天吃飯的釀造師有再過人的嗅覺與技術經驗也無法控制每一年的天候。因此某幾年上帝心情特別好，所有降雨、氣溫、土壤酸鹼度等條件都完美的不可思議時，這幾年的酒在市場價值便水漲船高，例如：被譽為有史以來最佳氣候風土的一九八二年波爾多。所以重點不在老，而是特定年分、產地、酒廠。

小知識 許多異國食物為了拓展市場都會迎合當地口味做出調整，三得利的赤玉紅酒（Suntory Sweet Wine AKADAMA）就是一個例子。儘管鳥井信治郎為紅酒的滋味瘋狂，但日本人實在無法欣賞那前衛的苦澀，為此，飲料店全糖風格的赤玉就此誕生。

酒櫃是必備品嗎？

買了酒櫃就沒錢買酒了，這個錢不能省下來嗎？

紅酒的保存重點有以下幾個：

1. 光：紫外線、鹵素燈會造成的傷害相信大家都不會太陌生。葡萄酒瓶深色的玻璃瓶身雖然可以提供些許保護作用，但若是三不五時將葡萄酒拿出來當作美化環境的擺設，放在窗明几淨的餐廳或客廳，光照導致酒中酚類氧化，會快速變質老化。

2. 溫度：也許你曾經聽過「放在室溫即可」，這種說法事實上也沒有錯，前提是你剛好也住在產區。以法國十大產區之一波爾多（Bordeaux）為例，地處終年涼爽的北緯45度溫帶氣候，年均溫攝氏15度左右，盛夏七月時最高溫也不超過攝氏30度的當地「室溫」條件，若是直接套用在臺灣是很悲劇的。最適合長久保存葡萄酒的溫度大約在攝氏10～15度之間。溫度過高時的傷害跟光照很類似，會造成過度熟成而變質，而溫度過低也不行，酒體會停止熟成，永遠無法成就應有的風味，結冰則會導致膨脹，甚至會將軟木塞往外推。

3. 溼度：從上述條件看起來，放冰箱似乎蠻妥當的？其實以大多數家庭的情況而言，存放冰箱確實可行。一般社會大眾購買葡萄酒的主要目的都是為了即將到來的特殊節日、場合或是單純想喝，短時間儲藏冰箱確實可以滿足葡萄酒所需溫度條件。然而，打算珍藏數月甚至幾年的貴重紅酒則萬萬不可交付冰箱。葡萄酒最適溼度為70%，溼度過高會發黴導致軟木塞腐爛，溼度過低的情況則會造成軟木塞乾燥龜裂、空氣趁虛而入造成酒體變質。

小知識 曾於美國南北戰爭中服役的瑪莉・賽勒斯蒂雅號（Mary－Celestia）被海洋考古學家尋獲時，一批自一八六四年起便一同沉睡於深海中的陳年「佳釀」吸引世界各地鑑賞家前往南卡羅萊納州買下美食節門票，只為一睹150年紅酒的開箱風采。遺憾的是，也許是軟木塞禁不起高壓與海水的侵蝕，據說瓶內的灰色液體就像是螃蟹汁、汽油、鹽水跟醋的混合物。

葡萄酒瓶都要平放？

為什麼大家都說「讓酒瓶倒下吧」？酒也需要睡眠品質？

開始收藏葡萄酒之後肯定都聽過這段金玉良言：「葡萄酒瓶一定要橫放」。

酒瓶處於橫放狀態時，軟木塞時時得到紅酒的滋潤，便能防止乾燥龜裂，避免多餘空氣造成葡萄酒氧化變質，也因此市面上葡萄酒櫃皆採用讓酒瓶橫躺的層架設計。軟木塞完全貼合酒體的另一個優點是減緩葡萄酒熟成的速度，讓葡萄酒以更加緩慢平均的速度進入適飲期。

然而，並不是所有葡萄酒都適合採用平放儲存。

香檳與氣泡酒：使用軟木塞密封的香檳似乎應該如法炮製讓酒瓶躺下，但充滿氣體的香檳瓶內可達五～八個大氣壓力，即使酒液沒有接觸到軟木塞，依舊能提供所需的溼度。此外，將香檳直放時，浮在酒液最上緣的二氧化碳分子量大於氧氣，直接形成最天然的屏障阻止氧氣進犯。反之，如果將富含氣泡的酒類平放，軟木塞被浸溼後失去彈性產生的隙縫會讓氧氣鳩佔鵲巢，稀釋掉二氧化碳的空間……香檳開瓶時令人振奮的活潑氣泡就蕩然無存了。

螺旋蓋：使用螺旋蓋的葡萄酒已經完全密封，基本上無論採用那種放置方式的影響都不大，只要確保避免光照及適度的溫度條件就沒有大問題了。

已開過的酒：就算是原先使用軟木塞密封的葡萄酒，開瓶後也不應該再橫放了。一方面是開瓶後葡萄酒已經停止熟成，另一方面是酒液減少的葡萄酒橫放時會大肆增加與空氣接觸的面積，反而加速變質。喝剩的酒可以直接將軟木塞塞回瓶口放置於冰箱，如果擔心冰箱太多食物剩菜會影響酒的品質風味，市面上有許多瓶塞跟抽真空酒瓶塞都相當方便，不過真心建議開瓶就喝掉最省得麻煩，皆大歡喜。

小知識 　香檳好貴，可是派對時刻好想有點「氣」氛，試試馬丁尼亞斯提甜氣泡酒（Martini Asti D.O.C.G Sparking Wine）吧！這位來自義大利的佳釀可是擁有「法定產區品質保證（Denominazione di Origine Controllata e Garantita，D.O.C.G）」標章，甜度討喜、氣泡細緻，《葡萄酒賞味誌》作者陳匡民也推薦過這款氣泡酒，而且 500 元左右就能入手，值得認識認識。

軟木塞 vs. 螺旋蓋

常找不到開瓶器，一個沒開好還斷掉，為什麼要用軟木塞？

燭光晚餐時秀出珍藏多時的紅酒，不疾不徐的使用開瓶器與酒瓶對峙一番後，清脆開瓶聲宣告漫長等待迎來的甜美勝利……。如果這時候手中那瓶酒是金屬螺旋蓋似乎就少了什麼。除了便利性跟氣氛上的不同，軟木塞與螺旋蓋之間有何優劣？有完美的酒瓶塞嗎？

天然軟木塞（Natural Cork）：在人類經歷過動物皮毛、棉布等失敗經驗後，軟木塞守護葡萄酒至今已數百年歷史。軟木塞的原料取自櫟樹樹皮，適中的彈性與天然氣孔是許多夢幻葡萄酒能夠在數十年歲月中緩慢熟成，珍藏驚人風味的重大功臣。然而軟木塞的致命缺點有兩個，其一是產自葡萄牙的天然原料總有消耗殆盡的一天，另外就是溫度與溼度都會影響軟木塞，因保存條件不佳、消毒不完全或是其他不可測力量汙染的軟木塞會在葡萄酒中注入潮溼黴味，而這個不幸的結果直到開瓶那一刻，喝下洗抹布水風味葡萄酒時才會揭曉。

螺旋蓋（Screw Cap）：法國塞蓋機械公司（La Bouchage Mecanique）在一九五九年時將原先用於烈酒的螺旋蓋技術成功移植到葡萄酒上，軟木塞汙染問題迎刃而解，也不用擔心找不到開瓶器的窘境，保存上也相對方便。看似優點爆棚的螺旋蓋卻遭到市場無情打臉……與軟木塞日久生情的消費者早已將麻煩的開瓶過程視為必經儀式，加上當時採用螺旋蓋多為價格低廉的葡萄酒，螺旋蓋就這樣被貼上「不正統」與「低品質」的標籤，直至二〇〇〇年時才在澳洲開始風行。然而除了先入為主的偏見之外，螺旋蓋確實也有它的缺點。首先，完全密封的酒體自然被剝奪熟成的機會，放再多年也不會得到適飲期的驚喜。另外，金屬瓶蓋要是遭到不當外力撞擊造成變形，葡萄酒的品質也就直接宣告不治了。

除了常見的天然軟木塞與金屬螺旋蓋，市面上還有其他種類的酒瓶塞，以下的圖表簡述各別優劣供大家參考：

種類	優點	缺點
複合塞 （Technical Cork）	1. 與天然塞特性最接近，酒體能持續熟成、累積風味。 2. 相較於天然軟木塞，材質汙染風險較低。	1. 質地不若天然塞緊緻密實，存在洩漏風險。 2. 需要專用螺旋開瓶器。
人工合成塞 （Synthetic Cork）	1. 可回收再利用、符合環保訴求。 2. 不像傳統酒塞那樣容易乾燥碎裂，也更容易取出。 3. 確保葡萄酒能夠持續「呼吸」。	1. 瓶裝陳年的效果還是略遜天然軟木塞一籌。 2. 所有類木塞酒瓶塞的共同原罪，都需要專用螺旋開瓶器。
玻璃塞 （Glass Stopper／ Vino-Lok）	1. 美觀優雅、質感絕佳。 2. 可回收再利用。 3. 容易開啟。 4. 可重複封口，開瓶後方便保鮮，不需另購酒瓶塞。	1. 製作成本高。 2. 重量增加，運輸成本也跟著增加，反映在售價上。 3. 沒有天然的呼吸孔，封瓶的陳年效果差，不適合需久放的年份酒。
皇冠塞／香檳塞 （Crown Plug）	「帽子」的部分會吸收溢出的二氧化碳（因此膨脹成蘑菇形狀），避免二氧化碳過度散逸、維持瓶內氣壓穩定。	取出後就會膨脹延伸，無法再塞回瓶身保鮮。
佐克瓶封 （Zork Closures）	1. 方便開啟，只要撕開保護封條，酒瓶塞就會自動彈開。 2. 不需要擔心軟木塞汙染問題。	僅適用於特殊酒瓶，製造難度與成本都大大增加。

小知識　　所以螺旋蓋到底有沒有好酒？直接讓專業的來評判吧！澳洲的天瑞酒莊（Tyrrell's Wines）近 50 年都是常勝軍，更於二〇〇九及二〇一〇連莊被評選為澳洲年度酒莊。而他們的《釀酒師精選 47 號霞多麗》（Tyrrell's Wines Winemaker's Selection Vat 47 Chardonnay）就是採用螺旋蓋喔！

葡萄酒特殊包裝

玻璃瓶裝葡萄酒才是王道，其他嘗試都是邪門歪道？

　　法國紅酒總是給人一種雍容華貴、難以高攀的印象，然而法國葡萄酒廠波塞特（Boisset Family Estates）在市場調查中發現紅酒的市場愈來愈多元，隨著平價酒款的普及，許多民眾不需要拘泥特殊節日場合，稀鬆平常的假日午後也會小酌一番，二〇〇四年光是澳洲黃尾袋鼠（Yellow Tail）這一個品牌在美國就達成650萬箱的銷量。為了追求平價的同時亦透過標新立異造成話題，波塞特總裁尚·查爾斯·波塞特（Jean Charles Boisset）決定從包裝上著手。利樂包（Tetra Pak）葡萄酒方便攜帶、不易氧化且冷卻快速又可以回收，降低90％包裝浪費。產品重量減輕更省下運送過程的燃料消耗，大幅降低成本。

　　奇招難免引來質疑，傳統包裝支持者批評利樂包葡萄酒的風味口感遠不如玻璃瓶裝。然而加拿大布洛克大學（Brock University）葡萄酒科學教授加里·皮克林（Gary Pickering）研究發現，利樂包的鋁箔夾層會吸收葡萄酒中劣化風味的化學物質，讓酒變得更好喝。邪惡物質的真面目來自愛吃葡萄的亞洲瓢蟲（Asian Lady Beetle），當採收者將這些小淘氣一起帶回酒莊，混入釀造糟之中就會形成烷基–甲氧基吡嗪（alkyl–methoxypyrazines），使紅酒產生怪味。

　　波塞特推出的利樂包紅酒「法國兔子」葡萄酒（French Rabbit）市佔率獲得成長之餘，南非Raisin Social與日本三得利旗下葡萄酒品牌「Delica Maison」也相繼推出利樂包裝紅酒，未來也許還會出現更超乎想像的包裝呢！

小知識　誠如徐志摩所言—「數大便是美」，佳釀裝在近乎荒謬的超大容量也是很合理的。Johnnie Walker、Chivas、Famous Grouse 等知名大廠都有 4.5 公升裝的霸氣規格，搭配搖籃式易傾倒底座，在婚宴喜慶、尾牙春酒場合拿出來總是贏得眾人驚嘆。

什麼是單寧

我們因為一個人的優點喜歡他，卻因為缺點愛上他

單寧（Tannin）是一種普遍存在於葡萄梗、樹葉及果皮的酚類物質，隨著長時間的釀造釋放在葡萄酒中。浸泡時間愈長、丹寧含量愈高的葡萄酒便需要更長時間熟成以軟化其刮舌苦澀的口感，舉例來說，葡萄酒界勞斯萊斯－Chateau Lafite的佳釀至少都需要存放15年以上才能入口。

乍聽之下單寧貌似相當不討喜，然而紅酒複雜深奧的多變口感便是建立在單寧編織而成的層次中，就像是茶多酚的苦澀味在喉韻回甘時令人驚喜的清甜芬芳。此外，單寧是天然的防腐劑，具備抑制細菌、真菌與微生物繁衍的能力，同時還具備抗氧化的特質，對於葡萄酒的長時間儲放扮演舉足輕重的角色。

然而在味覺經過訓練與適應之前，想品味葡萄酒卻又因為害怕單寧而踏不出第一步該怎麼辦呢？搭配高脂高蛋白食物，藉由帶正電的蛋白分子結合帶負電的單寧分子，紅酒化解油膩感，脂肪緩和苦澀感，彼此相輔相成而衍生成為紅酒搭配cheese、吃牛排喝紅酒的不敗定律。

以下簡單分類高單寧與低單寧的葡萄酒，只要觀察酒標敘述，就大致可以找到想要的酒款囉！

1. 高單寧紅葡萄：卡本內維蘇翁（Cabernet Sauvignon）、內比奧羅（Nebbiolo）、蒙提布希亞諾（Montepulciano）、田帕尼優（Tempranillo）、小維多（Petit Verdot）、小席哈（Petite Sirah）。
2. 低單寧紅葡萄：梅洛（Merlot）、黑皮諾（Pinot Noir）、金粉黛（Zinfandel／Privitivo）、加美（Gamay）、巴貝拉（Barbera）、格那希（Grenache）。

小知識 想挑有個性的酒、希望別太貴、容易買又別踩雷可以嗎？《神之雫》介紹過的「Mythique」單寧結實還有一抹微妙的香料味，而且酒標上可愛的貓頭鷹非常好認好找，更棒的是美式、法式賣場都買得到，挺適合順便買菜煎個牛排一起享用呢。

MYTHIQUE

LANGUEDOC

Appellation Languedoc Contrôlée

2018

PRODUIT DE FRANCE

Élevé dans le respect de la tradition

Vin souple et fruité, aux notes & fruits gorgés de soleil. Mis en bouteille par
JARDIN DU LANGUEDOC À 34370 MAUREILHAN FRANCE

BOUTEILLE N° 32989

023

一定要醒酒嗎？

這瓶酒說要醒半小時，這瓶說開了快點喝，搞得我好亂啊！

討論這個問題之前，先來說說醒酒是怎麼一回事吧！被裝瓶陳列在超市或酒窖裡的葡萄酒因為密封的壓力與長時間的靜置，酒中的所有物質都被擠得跟東京通勤時間的新幹線乘客一樣，緊繃的肌肉不先好好放鬆，口感自然跟靜脈曲張一樣扭曲。藉由大口呼吸新鮮空氣、加速氧化的過程軟化單寧，不但口感會變得柔順，原先被壓得喘不過氣的果味芬芳才能掙脫枷鎖展現動人的原貌。尤其是高單寧低年分的酒，格外需要醒酒這番動作彌補熟成不足的時間。

美麗的醒酒瓶（Decanter）是常見的醒酒工具，浮誇的瓶身曲線與寬闊的瓶底可以大幅增加與空氣的接觸面積，加速醒酒的效率，換瓶的動作更有助於將酒體中沉澱的雜質留在原先瓶中，去蕪存菁換得口感一致的絕佳體驗。等等，這表示一旦踏進紅酒這條不歸路就必須砸重金投資各種醒酒瓶醒酒器嗎？別緊張，你手上的酒杯本身就是很好的醒酒工具。由於葡萄酒的狀態在解開封印面對前誰也說不準，要訂出「標準的」品酒時間實在不太可能。開瓶後先倒一杯確認，逐次品嚐、逐次搖晃酒杯漸進式的確認風味是否達到理想狀態同時，尚存於狹窄酒瓶中的酒體也能避免氧化太快而喪失風味。

特別需要注意的一點是，並不是所有葡萄酒都適用醒酒的原則！大致上酒體較輕薄、單寧低的紅葡萄酒與多數白葡萄酒都不太需要額外等待的時間，反之，應該把握時間品嚐的細緻微酸花果香稍縱即逝，徒留甜膩單調的糖水味就可惜了。香檳更不用說，分秒必爭的沁心爽口風味一但讓氣泡流光，香檳區釀造師心血也白費了啊！

小知識　薄酒萊（Beaujolais）原本是勃根地南部的小村莊自己約定俗成，十月就開喝九月釀造新酒的小確幸，逐漸演變成全球饕客趨之若鶩的季節限定逸品。誠如天才翻譯選用的「薄」字，如絲般輕盈細緻的滑順酒體、沁鼻清新的鮮美花果香，在在溫柔提醒，務必即時把握這曇花一現的青春，爽快的速速享用完畢。

甜葡萄酒

想喝甜甜的酒很孩子氣嗎？其實你可能只是被誤解的饕客

能夠被歸類為「甜」葡萄酒可不是嚐起來有甜味就足夠了，必須符合發酵後仍殘餘每公升45公克以上的天然果實糖分的規定。到底45g／L有多甜呢？不甜的乾型葡萄酒如梅洛低於4g／L，一般印象中偏甜的雷斯令也只有42.2g／L。

1. 晚摘甜葡萄酒（Late Harvest）：葡萄成熟時先不採摘，一直等它過熟累積高度糖分跟香氣後再熟成釀造，能夠達到每公升100公克的糖分。

2. 葡萄乾甜葡萄酒（Dried Grape Wines）：義大利北部城市維尼托（Veneto）將採收後的葡萄鋪在托盤上風乾再進行釀造。置於稻草上風乾的法國隆河谷地（Rhone Valley）則索性稱為稻草酒（Vins de Paille）。由於水分在風乾濃縮風味甜度時大量耗盡，產量相當稀少，價格自然就沒那麼甜了。

3. 貴腐甜葡萄酒（Botrytised Sweet Wines）：出身匈牙利的貴腐其實有段充滿皺褶的故事。傳說十七世紀土耳其入侵匈牙利時正值葡萄採收期，基督教派牧師決心不要讓敵軍撿現成，便與葡萄莊園園主們相約不採收，寧可放給他爛也不給土耳其人吃。一路拖到凜冬，水分蒸發，皮也皺巴巴的葡萄穿上了一層黴菌大衣，愛物惜物的匈牙利人不知道哪來的勇氣就這樣拿去釀酒了。更驚奇的是釀出來的酒好喝得嚇人，如絲綢糖漿般綿密香濃的酒液交織蜂蜜、花果與蜜餞的多層次美味。

4. 冰酒（Ice Wine）：葡萄成熟後一直不被採收，深怕自己錯過釋出種子傳宗接代的機會就會讓自己變得更香甜吸引注意，接著冰雪包覆整顆果實，溫度驟降至攝氏零下八度時，趁所有香甜精華集中在果實中心時採收壓榨的葡萄，才能釀造出高品質的冰酒。一年只採收釀造一次的冰酒不但稀少也格外費工。

小知識　筆者私心推薦 Royal Tokaji Blue Label—Aszu 5 puttonyos（匈牙利皇室托卡伊甜白酒）。筆者多年前曾經在酒展買了一瓶，事後非常後悔，後悔沒多買一瓶啊！像椰棗一樣甜美的酒體，卻因充滿迷人的多重豐富甜味而不覺膩口，每一口都是液態 Lady M 千層蛋糕！

強化葡萄酒

聽說普拿疼加強錠其實跟一般的差不多，那強化葡萄酒是？

所謂的強化葡萄酒（Fortified Wine），是在葡萄酒發酵未完全的狀態下添加酒精濃度百分之四十以上的烈酒（通常是蒸餾後的透明白蘭地），中斷發酵的葡萄酒保留了甜美，卻也同時具備了成熟韻味，而且禁得起更長時間保存。

1. 波特酒（Port Wine）：雖然名為波特，但波特酒無論葡萄產區或釀造地點都在葡萄牙北部多羅河谷（Douro Valley），製好的酒自多羅河運送到主要港口波爾圖（Porto）市，再從波爾圖市出口至英國，久而久之人們就將這波爾圖運來的美酒稱為波特酒了。原本鍾情於法國波爾多（Bordeaux）葡萄酒的英國人礙於兩國之間戰火不斷，只好改喝其他國家的酒，然而由於葡萄牙至英國海運時間較長，容易造成酒體變質，酒商靈機一動加入烈酒解決這個難題，還催生了又甜又烈的葡萄酒新銳。為保護特定原產地，歐盟法規明定只有葡萄牙的產品能夠冠上「Port」或「Porto」顯示正統地位。

2. 雪莉酒（Sherry Wine）：同為加烈強化的葡萄酒，雪莉酒與波特酒的差別在於：

（1）波特酒的原料多為紅葡萄，雪莉酒則以白葡萄品種釀製。

（2）相對於清一色甜滋滋的波特酒，雪莉酒也有完全發酵後才加入烈酒的種類，從無糖到全糖的選擇一應俱全。

（3）由於獨特氣候條件，有些雪莉酒在榨汁發酵後會產生一層酒花（如Fino及Manzanilla），形成獨有的抗氧化層，能使酒體保持近似白葡萄酒的透明感，而藉著提高酒精濃度（17%以上）殺死酵母加重氧化的過程，便能創造淡黃至深褐的繽紛樣貌。

小知識 因為置入性行銷神劇《唐頓莊園》（Downton Abbey）不經意的推波助瀾下，波特酒終於打進了年輕族群市場。不過，波特本身雄厚的實力就是最好的宣傳；例如葡萄牙首屈一指波特生產者——諾瓦酒莊（Quinta do Noval）的年份一九三一就奪下美國《葡萄酒觀察家》（Wine Spectator）滿分的完美肯定。

如何在超市選購葡萄酒

超市買酒好像簽樂透一樣，真的挑的到好酒嗎？

雖然橡木桶、酒條通等專營酒類販售的門市不難找，但考量便利程度與酒專店員過於熱切的攻勢，超市與大賣場仍為多數人購買葡萄酒的首選。不過，該如何避免在大賣場的茫茫酒海中踩雷呢？

1. 製造日期：首先，大賣場與超市保存酒類的條件不算理想，開放的環境很難嚴格控管溫度溼度，因此新鮮年輕流通快的酒反而是品質相對穩定的保障。除了年分之外，酒標上的裝瓶日期更是參考的重要指標，時間愈近，受到運輸、存放環境等不良影響自然也愈低。

2. 位置：貨架上的商品因為排放位置與光照角度不同，變質的程度也多多少少會有所不同，儘量選擇放在陰暗角落的酒瓶也有較高的機會帶回品質無虞的酒。

3. 訂定目標：設定好大範圍是非常重要的；預算多少？今天想喝白酒還是紅酒？要偏甜、偏酸搭餐還是純飲？到了現場才舉棋不定更容易慌了手腳亂下決策喔。

4. 產區：稍微認識著名產區國家還是能為抉擇提供方向。例如：法國、西班牙等傳統強權較重視年分，年輕新酒可能反而不適合在賣場選購，新世界產區智利、阿根廷等年輕酒款品質反而較穩定。

5. 賣場促銷：大賣場為了刺激消費常會設計主題活動，例如家樂福的葡萄酒節，不僅價格優惠，更提供口感、特色甚至評分等資訊，都是很值得參考的情報。

6. 筆記：喜好的口感畢竟因人而異，最重要的還是，哪天剛好選中深得你心的酒務必記下來，除了方便再次選購，也有助於尋找其他性質相近的酒款。

小知識 筆者大力推薦好入手又平價的「法國香奈歪脖子梅洛紅葡萄酒（J.P. CHENET Merlot）」濃厚的莓果甜香味最適合搭配 cheese，買菜好所在「X聯」就找得到，辨識度最高的歪脖子讓你在茫茫瓶海中一眼就能鎖定。

素食者不能喝紅酒？
為了全素連牛奶都不喝了，你說葡萄釀的酒是葷食？

葡萄酒的原料一字排開就是紅葡萄、白葡萄及其他品種的葡萄，徹頭徹尾就是看不見一點肉屑的影子，為什麼不能歸類為素食？是這樣的，相較於蒸餾後澄澈純淨的威士忌，釀造的葡萄酒難免有些雜質載浮載沉於酒液之中，為了得到質地輕透、口感滑順細緻的產品，釀酒師常會利用蛋白質帶正電與葡萄酒分子帶負電的特性而採用動物性蛋白與雜質結合沉澱，以利後續過濾的進行，這個程式稱為「下膠」。常見的材料有：蛋白（Egg White）、牛奶中的酪蛋白（Casein）、提煉自動物皮膚或骨骼、常用於乳酪中的明膠（Gelatin）以及膠原蛋白的原料－魚膠（Isinglass）。

「難道沒有非動物性原料可以當成替代品嗎？」，活性碳（Activated Charcoal）可以在不影響品質的前提下吸附多餘氣味溶於酒中、火山灰煉製成的膨潤土（Bentonite）則能有效吸附懸浮物。部分釀酒師會採用自然沉降法分離雜質，甚至不過濾。換言之，消費者只要在選購時特別指名為未澄清未過濾（Unfined and Unflitered）的葡萄酒便能避免殺生之嫌。But！如果你是高標準素食者的話，這裡有個小小的漏洞，即便標榜有機，也無法確知種植植物的堆肥中沒有動物骨骼……。

雖然目前還沒有「素食可用」酒類的認證標誌，素食產品認證機構（VeganOK）負責人寶拉‧卡內（Paola Cane）表示，隨著素食人口的成長，主動申請認證的廠商也愈來愈多（二〇一五年至二〇一六年已成長了百分之三十五），不遠的將來理應就會陸續建立完善的素食酒認證系統及標章。透過前線的嚴格把關，未來在選購上將更為安心便利。

小知識 茹素時，碰到特定節日仍想開瓶好酒增加氣氛的話，這裡提供幾個大方向：重口味（咖哩、番茄、茄子等）搭配醇厚單寧不過重的紅酒如：寶龍金羊波爾多紅酒（Baron Philippe de Rothschild Agneau Rouge Bordeaux）；葉菜沙拉（蘿蔓生菜、花椰菜等）選擇雷斯令如：德國藍仙姑釀酒師白酒（Blue Nun Winemaker's Passion Riesling），一樣能夠享受輕盈而微醺的美好夜晚喔。

如何品酒？

每個人都在轉酒杯是哪招？也要轉一轉舔一舔再泡一泡嗎？

只要掌握「見、聞、嚐、吐」四個步驟就可以輕鬆玩味品酒樂趣了喔！

1. 見（See）：將酒杯微微拿高傾斜，藉著透過的光線觀察酒體顏色，通常分為磚紅色、櫻桃色、石榴色、紫色及紫羅蘭色五大類，色澤深淺是辨識風味濃淡的第一步。接著輕晃酒杯讓酒液在杯壁形成一層紅酒簾幕，觀察緩緩流下的淚腳（Wine Legs）就可以得知酒精濃度與殘糖量；酒精濃度愈高，淚腳形成速度更快更持久，愈甜的酒愈濃稠，淚腳滑落速度愈慢。

2. 聞（Smell）：接著搖晃酒杯後將酒杯湊近鼻子感受香氣，這次搖晃酒杯的目的是藉由酒體與空氣接觸的過程讓香氣更均勻完整的散發出來。葡萄酒很有趣的一點是，明明原料是葡萄，卻能在不同的酒中找到蘋果、水蜜桃、李子或鳳梨等各種水果芬芳。

3. 嚐（Taste）：輕啜一點酒在口中停留，好好感受酒體（Body）的濃度是跟水一樣輕盈（Light）？像果汁那樣中等（Medium）？還是如同牛奶那麼豐滿（Full）。接著是酸度（Acidity），口水分泌增加、舌頭兩側有點麻麻的刺激感就是酸度帶來的反應。單寧帶出乾澀也帶出層層深奧風味的回甘苦味。有些人可能看過專業品酒師做出類似漱口的動作甚至發出奇妙聲音，但不得要領反而耽誤品嚐時機，這裡就不建議了。

4. 吞／吐（Swallow／Spit）：紅酒品鑑的場合往往需要面對動輒十來支以上的酒，要是照單全收，恐怕味覺還沒麻痺已經醉到不知身在何處了。一般只要在吞下時感受尾韻帶來的辛辣或甜美就已圓滿了品酒的歷程。

小知識 專業品酒師會不會有凸槌的時候？BBC 一個專門開箱舊屋遺留物品的節目「Antiques Roadshow」，在二〇一六年的其中一集，發現到歷史悠久的酒瓶，並特別邀請專業的品酒師 Andy McConnell 來品評。Andy 品嚐後異常興奮的表示這是一瓶品質不錯的波特酒。然而主持人送驗後發現，瓶中主要成分是尿液，佐上一些頭髮跟貝殼，據信是被埋在門口趨吉避凶用的護身符……。

Professional Wine Tasting

INFOGRAPHIC WINE ELEMENTS

專業葡萄酒
品味元素

NOSE
（鼻子）

- strength of wine flavor
- odor

葡萄酒的風味豐富度·
氣味·

EYES
（眼睛）

Wine Tasting

明度· clarity
光澤度· gloss
稠度· viscosity
顏色深淺· color depth
氣味· color

MOUTH
（嘴）

- flavor · 濃度
- acidity of the wine · 酸度
- alcoholicity % · 酒精濃度
- sweetness · 甜度
- astringency · 澀味
- wine texture · 質地
- aftertaste · 韻味

V·E·C·T·O·R
INFOGRAPHICS

產地代表一切嗎？

歐洲的葡萄酒比較有名，銷售人員推薦南非酒是想坑我嗎？

　　說到知名葡萄酒產地，不外乎想到義大利、法國與西班牙吧！根據OIV國際葡萄與葡萄酒組織（International Organization of Vine and Wine）的《生產及流通報告》指出，這歐洲三強於二〇一七年生產的109.5億公升葡萄酒幾乎包辦了全球一半產量（246.7億公升）。其中坐擁六大產區的法國由於各產區風土特色不同，能成就多樣特色風味、歷史悠久的釀酒經驗與知識及品質甚嚴的控管，更使它成為許多葡萄酒愛好者心中的聖地。

　　影響葡萄酒的因素很多，例如氣候、橡木桶、葡萄、釀酒師甚至運氣等太多無形的力量。產量沒有名列前茅的酒莊可能只是因為發展歷史較短，需要更多時間才能從早已被瓜分佔據的市場立足；如新世界（歐洲以外，發展歷史較短的產區）的：美國、澳洲、智利、阿根廷及南非等。即便是名門酒莊也難免遇上某一年採收期之前遭到大雨襲擊（如二〇〇七年的波爾多），灌水後的葡萄酸甜與單寧風味盡失，根本不可能產出好酒。又或是罕見天災如二〇一三年加州大地震將美國葡萄酒龍頭納帕河谷（Napa Valley）的橡木桶無情摧毀，釀酒師的心血也跟葡萄酒灑了一地。

　　產地能夠透露的訊息很多，我們接受到的卻往往有所遺落，況且每個人喜好不同，最有名的、最昂貴的並不一定是你的真愛，還是敞開心胸勇敢的多方嘗試吧！如同DRC釀酒師－奧貝爾德維藍（Aubert de Villaine）所言：「很多人認為酒只是物體文化，但它也是食物，最重要的是開心的食用」。

小知識　筆者最初為了省錢，加上覺得自己喝不出優劣而在入門時選了智利跟阿根廷的紅酒，結果竟然都相當滿意，從此對新世界充滿信心。「南十字星精選卡本內紅酒（Cruz Del Sur Cabernet sauvignon）」適合最直白的評論：就是很順口，像是個溫和客氣好相處、又不至於無聊的新朋友。

出身名門才能稱為香檳
歐巴馬就職典禮的酒單出現加州產「香檳」被罵翻了

香檳是氣泡酒的一種，但並非所有的氣泡酒都是香檳。想得到「香檳」這個尊貴頭銜必須符合三項基本條件——產自法國香檳區、使用特定葡萄以及在瓶中二次發酵。

香檳區位於法國東北，年均溫攝氏10度左右的極涼爽氣候，加上白堊土質易吸熱、排水良好的特性，正巧孕育出適合釀造香檳的葡萄。可別因為「區」這個稱呼誤以為腹地小產量低，葡萄園種植面積三十五萬平方公里的香檳區多達三百座酒莊，根據《The Drink Business》的報導資料指出，二〇一八年的香檳總產量約為三億一千五百萬瓶！

香檳主要使用的三種葡萄分別是白葡萄夏多內（Chardonnay）與紅葡萄黑皮諾（Pinot Noir）及皮諾慕尼耶（Pinot Meunier）。還記得我們在先前章節「紅酒、白酒、粉紅酒」提到的黑中白（Blanc de Noir）嗎？不帶皮釀的紅葡萄就不會沾染太多色彩，香檳混用紅、白葡萄可是很有創意的，還發展出兩種以上紅葡萄的「多黑中白」（Blanc de Noir）。次要的品種有Petit Meslier、Arbanne及Pinot Blanc，別因為原料中出現非常見的那三種葡萄就衝動認定手上的香檳是山寨唷！

相較於一般氣泡酒二次發酵時採用不鏽鋼槽發酵後再裝瓶的作法，香檳必須先經過精密計算調配基酒、酵母及葡萄糖的比例後直接裝瓶，讓發酵過程在瓶中完成，這種釀造法難度及成本都比較高。

此外，選購香檳時很少看見年分香檳（Vintage），幾乎清一色都是調配而成的無年分香檳（Non-Vintage），這是因為香檳酒莊只會挑選收成特別好的時候製作年分香檳。

> **小知識**
> 就算你不喝酒，一定都聽過香檳王（Dom Pérignon）的鼎鼎大名。本篤會修道院修士唐‧皮耶爾‧培里儂在管理酒窖期間首度以不同葡萄的混搭提升品質，並採用更厚、更經得起香檳壓力的玻璃瓶，才遏止當時香檳連環爆的悲劇，今日的我們才有美味的香檳可以品嘗啊！

PERIGNON
1638 - 1715
L'ABBAYE D'HAUTVIL
ET LES GRANDS VI
OPR DE L MAIS
& AN

三、啤酒

為什麼啤酒有苦味？

那麼苦的東西為什麼喝得津津有味？這就是大人的味道嗎？

炎炎夏日洗完澡後打開一罐冰涼的啤酒，清脆悅耳的開瓶聲夾雜著滿心期待……，暢飲一口後的舒爽暢快真的只有同道中人才能體會啊！討厭啤酒苦味的友人常常懷疑我們的味蕾是不是有什麼毛病。那麼，啤酒的苦味究竟是怎麼來的？也許你也聽過這名詞——「啤酒花」。

啤酒花（Hop）其實不是一種花，真要說起來長的還比較像松鼠吃的橡果。啤酒花是大麻科的多年生草本植物，取其毬果釀造啤酒能為酒體帶來豐富香氣層次。啤酒花使用的量愈多、煮沸時間愈長，或是採收時的啤酒花具有較高比例的 α-酸（Alpha Acid Resin）都會帶來更強烈的苦味。啤酒到底有多苦？每一瓶的苦度又如何分高下呢？釀造啤酒使用的國際苦度值IBU（International Bitterness Unit）將啤酒苦度自5 IBUs分級至100 IBUs（1 IBU＝一公升啤酒中含有一毫克 α-酸），IBU愈高就愈苦，6 IBUs以下的苦味是人類的味覺幾乎無法辨識的淡薄了。然而，IBU只能當作一個參考值，IBU較高的啤酒喝起來卻相對順口的比比皆是，啤酒花的苦味與麥芽甜味間的平衡才是決定風味的首要因素。

所以啤酒花的存在除了適度讓甜膩麥汁變成爽口解渴的苦味之外，啤酒花另一項非常實用的技能，同時也是它一開始存在的目的就是防腐。啤酒花能抑制炭疽芽孢桿菌及金黃葡萄球菌的生長，對於惡劣環境存放或長途運輸都有很大的幫助。此外，啤酒花中的鞣酸會與麥汁中的雜質結合，分離後便能取得澄清淨透，品質也更穩定的酒液。

小知識 相信各位對台啤經典款的藍色波紋都不陌生吧？臺灣省專賣局自一九四五年接收「高砂麥酒株式會社」後，遠赴德國學習釀酒技術，並增添充滿濃濃本土味的高品質作物—蓬萊米，提升啤酒香氣、降低苦澀之餘，更漂亮解救了稻米過剩的危機。

金色三麥是哪三麥？

大家都是麥不用分那麼細啦！

二〇一四年拿下啤酒賽事最高榮譽－「WBC世界啤酒大賽」（World Beer Cup）蜂蜜類品項冠軍的金色三麥以經典原料大麥、小麥及黑麥三元素為名，於二〇一六年更名為「SUNMAI」並設計logo「≡」保留原始名稱「三」，也象徵酒桶線條與易經卦象「天」。

1. 大麥：釀造酒類的大宗，無論啤酒或威士忌幾乎都是大麥的小孩。根據烘焙程度的不同就能區隔出三大麥芽範疇，而這三種麥芽風味分別以最早發跡的城市為其命名。

（1）皮爾森麥芽：攝氏80～85度的淺烘焙最能凸顯大麥的天然風味，耀眼的金黃色酒液常帶有近似玉米的清爽穀物風味。

（2）維也納麥芽：將烘焙溫度略微提升至攝氏85～90度，曬黑了點的麥芽釀製成較為深沉內斂的琥珀色，開瓶瞬間的芬芳就像是撕開剛出爐的歐式麵包，滿是醉人的烘焙香氣。

（3）慕尼黑麥芽：一口氣將烘焙溫度提升至攝氏100～120度之間，皮殼內層被烤成焦黑的麥芽自然就生出了棕黑色麥汁。濃重豐厚的口感由果乾、李子及巧克力等複雜元素層層累積而成。

2. 小麥：小麥釀製啤酒的歷史其實不亞於大麥，但一五一六年時為德國糧食小麥的消耗制定了《啤酒純釀法》，規定啤酒原料只能含有水、大麥及啤酒花三種原料。雖然這法令已經廢止，多少也限制了小麥的使用發展。小麥蛋白質含量較高，黏稠綿密的質感幾乎有種勾芡效果。

3. 黑麥：帶有辛辣風味的黑麥比較少做為主體原料，而是根據啤酒風格所需調整用量，藉由額外賦予的複雜風味創造獨有特色。

> **小知識** 台啤經典跟金牌的差別是什麼？各國進口啤酒大舉進佔臺灣市場，消費者認識到許多小清新口味，台啤順應這股潮流讓啤酒發酵更完全以提高糖化程度，並增加蓬萊米及芳香型啤酒花的比例，金牌就這樣誕生囉。

啤酒花田男賓止步

啤酒花田跟侏儸紀公園遵守一樣的規矩……，是間女子宿舍

啤酒花又稱「忽布」或「蛇麻」，外觀像松果一樣，很容易被誤認成花的片狀變態葉——苞片將真正的花朵及果實包覆其中，提供絕佳的保護。雌花成熟後，從花朵和苞片上的黃色油腺點（蛇麻腺）分泌的精油，就是啤酒花風味的靈魂所在。但受粉的雌株與雄株都不具備這項特質，此時當然不能浪費了造物者賜予啤酒花雌雄異株的天分，種植時就必須有計畫性的只挑雌株，並嚴加戒備不能有魚目混珠的雄株存在，否則雌株被「染指」就失去經濟效用了。

除了需要舍監維護宿舍的純潔之外，啤酒花的收成時機也得戒慎恐懼。還記得啤酒花初登板那個章節嗎？我們有輕描淡寫的提到「採收時間」也會影響 α-酸的多寡，從濃度最適到驟減只有短短一星期的時間。這時候你也許會問，等苦味都跑光再摘採不是很好嗎？α-酸、苦味與香味這三者存在完全的正相關，香味全都跑光光之後，廣告演員拍得再誇張也拯救不了這杯「水」啊！

隨著食物保存技術的日益精進，啤酒花「風味」的價值也早已遠超過防腐這點，啤酒花也不斷被開發各類風味如花香（Floral）、果香（Friuty）、香草味（Herb）、松香（Piney）、辛辣（Spicy）等，還有滿足重口味市場的高 α-酸「苦味啤酒花」（Bittering Hops）、精油含量特高的「香氣型酒花」（Aroma Hops）以及兩者兼備的「尊貴型酒花」（Noble Hops）。

小知識

「啤酒很苦耶！」「啤酒很臭耶！」身邊遲遲不願意嘗試啤酒的朋友一定都有過這樣的抱怨吧？然而沒有不能征服的消費者市場，只有想像不到的創意！因此台啤二〇一一年推出的果微醺系列，強調百分之九的果汁比例，讓啤酒形象瞬間轉為甜美清新，二〇一二年趁勝追擊推出的「在地鮮釀系列」創下年度 10 億銷售額。二〇一九年還出了一款日月潭紅茶口味呢！

法令決定啤酒風味？

說好的啤酒歸啤酒，政治歸政治呢？

過去便利商店並沒有那麼多的啤酒選擇，除了大家最熟悉的台啤金牌、日系的Asahi、不外乎就是美系的百威（Budweiser）與拉丁美系的可樂娜（Corona）等10 IBUs左右的清淡啤酒。第一次嘗試比利時奇美藍修道院啤酒（Chimay Blue）時才知道啤酒世界裡也有這麼濃郁深沉的角色。明明都是啤酒，為什麼風味有這麼大的差異？其實可能是法規造成的。

一五一六年巴伐利亞公布的《啤酒純釀法令》頒訂大麥、水與啤酒花是啤酒唯三原料，美其名是為品質與糧食（小麥）做嚴格控管，實際上是方便課徵稅金管理。為了增加利潤，商人當然要盡可能從稅金的規則中找出節省成本的方式。以英國為例，賦稅基準建立在麥汁的濃度上；同樣的公升數，濃度愈高稅金也愈高，聰明的釀酒師自然要在可接受的範圍內將麥汁比例放的愈低愈好。比利時的稅金制度卻是依照糖化鍋容積計算，釀酒師因應稅金的做法反而是將麥芽鍋填好填滿，藉由風味與酒精濃度都高的特色獲取更好的賣價，以更高的收入應付稅金成本。比利時啤酒中的「愛爾」濃度最高可達10～11％，都要看到葡萄酒的車尾燈了！

賦稅制度下掙扎求生存的啤酒被塑造出來的特色也影響了當地人的飲用習慣。英國啤酒由於酒精濃度較低，想醉也很難，為了趕進度直接就將一杯大小做成將近500毫升的半品脫，而且必須倒滿至挑戰表面張力的程度，拒絕讓泡沫佔據任何空間。比利時啤酒一杯的容量則是秀氣的330毫升以下，傾向於小口細嚐慢嚥，要是衝動豪飲很容易就會失憶的。所以下次跟朋友小酌時，可別因為端上來的杯子大小形狀有別以為自己吃虧了。

小知識

通常一個商品停產，背後可能有千千萬萬不為人知的理由，然而可樂娜啤酒（Corona beer）因為不巧跟新冠病毒（Coronavirus）同名，不斷被各國鄉民拿來開玩笑做成謎因。沒想到隨著疫情延燒，可能大家都笑不出來也喝不下去了，墨西哥釀酒商莫德洛集團於二〇二〇年四月宣布停止生產、出口。

裝一裝又蹦出新滋味？

其實沒想過要討好消費者，卻意外拿到五顆星滿分

　　前一章提到的賦稅制度影響了不同國家啤酒的酒精濃度，這章要來聊聊實際改變啤酒味道的主角——「原料」。在一九八七年因「違反自由貿易」而遭廢止的《啤酒純釀法令》對啤酒的發展性造成諸多限制。事實上，只要能被酵母轉為酒精及二氧化碳的水果、玉米等植物都能釀成啤酒，臺灣酒廠「啤酒頭釀造」更將烏龍茶加入釀造配方，創造出劃時代的「穀雨」茶啤酒。

　　除了限制創作的缺點之外，法令本身其實有個相當大的缺陷，就是漏掉了當時還不為人類所知的重要原料「酵母」。過去遵循古法釀造啤酒都要以前一批釀造成功時所使用的木棍接續製造，而這些木棍就像有著奇幻力量加持的神器一樣默默的守護一批又一批的新酒，殊不知真正的功臣是木棍上的酵母菌，直到顯微鏡的誕生將酵母的存在與價值昭告天下。

　　然而，美國人一開始選擇將玉米加入原料行列可不是為了研發新口味，而是純粹求方便。如同美國諸多飲食文化一般，美國的釀酒業是由移民帶入，發展初期自然是以德國「正統」的全麥風味為主流。但是在經濟瘋狂起飛，所有商品產量要求又多又快的高速競爭市場，全麥啤酒竟帶來了始料未及的困擾——泡沫太多。因為蛋白質含量較高，填裝過程中總會被瞬間湧上的泡沫佔據大半空間，等待消泡不但耗時又會擔心品質下降。釀酒師便採用玉米取代部分麥芽，不但解決問題還降低成本；更驚喜的是消費者完全買帳！如同先前提過的，穀物威士忌風味不像麥芽威士忌那麼剛烈，加入玉米的啤酒風味更加清爽淡雅，大眾接受度更高，這個大膽嘗試的改變是個可喜可賀的雙贏結果。

小知識　最早將玉米加入原料的就是百威（Budweiser）啦！百威的創始者來自德國，為了讓岳父與他合作的釀酒廠吸引歐洲移民青睞，借用捷克百威城（Budweis）命名自家品牌百威。也許是因為移民具備的高適應性特質，百威並不執著於正統波希米亞的濃郁啤酒風格，發現美國本土的麥子不適合釀造啤酒後，便以玉米替代，反而開創市場更傾心的美式淡色拉格（American Pale Lager）。

036 啤酒類型（一）Lager vs. Ale

買啤酒時常看到的「拉格」和「愛爾」是什麼？是地名嗎？

雖然都是啤酒，但是釀造手法或發酵方式的差異能夠成就南轅北轍的風味，我們從「拉格」開始介紹吧！

1. 拉格：拉格（Lager）德文原意為「酒庫」，指稱在酒庫中低溫發酵熟成的啤酒。歐陸國家以德國、捷克為首，大多以拉格為主流。低溫環境（約攝氏5～14度）中發酵速度緩慢而溫和，因此不容易產生酯類與酚類，最終的成品沒有意外的話必然會忠實呈現原料素顏、風味鮮明清新。不過，如果因此就認定拉格都是澄清金黃的淡啤酒，這誤會可大了。依據麥芽烘焙的程度還可細分為德系皮爾森型拉格（German Pils）、維也納琥珀拉格（Vienna Lager）、慕尼克淺色拉格（Munich Helles）及慕尼克深色拉格（Munich Dunkel）等。慕尼克深色拉格無論酒體色澤與口感都是皮爾森型拉格的好幾倍。

2. 愛爾（Ale）：愛爾是麥酒的音譯，最早可追溯至西元七世紀，採常溫發酵（攝氏15～25度）的愛爾發酵作用快速而旺盛，容易產生酯類、酚類的副產品。酯類能為啤酒提供類似蜂蜜、果香的誘人氣息，酚類則將啤酒中酸性物質轉化為丁香類的豐富香料味。雖然都能為啤酒風味口感增色，然而一旦溫度沒做好掌控、香氣濃度過高時就變的令人無法下嚥。英格蘭、蘇格蘭與愛爾蘭的愛爾基於類似的氣候與地理條件，發展出本質相近卻又各具特色的經典愛爾。英格蘭的代表為順口易飲的一般英系淺色苦味愛爾（Ordinary Bitter）、風味紮實的特優英系淺色苦味愛爾（Best Bitter）及水手最愛、深具烘焙風味的英式波特（English Porter）。愛爾蘭的知名愛爾－愛爾蘭司陶特（Irish Stout）就是我們熟悉的健力士（Guinness）。

> **小知識** 筆者個人特別推薦的一款拉格是法國品牌—可倫堡一六六四白啤酒。熟成後直接裝瓶不過濾的酒體略帶混濁，乍看之下會稍微白一些，因此又被稱為白啤酒。這款拉格最特別的地方在於採用法國特產的香氣啤酒花—史翠賽斯柏（Strisselspalt），並揉合甜橙果皮調味，高雅清甜的香氣讓你在炎炎夏日彷彿沐浴在普羅旺斯的花團錦簇之中啊。

啤酒類型（二）比利時／美系

大家都是啤酒，為什麼要分那麼細？有差那麼多嗎？

比利時啤酒：想直接定義比利時啤酒風味幾乎是不可能的任務，從甜美可人、酸味均衡滿溢果香、啤酒初心者必嚐的水果酸釀愛爾（Fruit Lambic）到複雜豐厚、顏色跟歷史都深不可測的知名修道院啤酒（Trappist），囊括各種特色風味的啤酒肯定能夠滿足所有挑剔的味蕾。

因為先後遭遇北海小英雄、法國、奧地利及德國等國家的路過拍肩，比利時揉合了眾人的文化與技術，加上國內法令完全沒有限制釀造師使用什麼原料或配方釀造啤酒，除了大麥之外也使用香料與水果，啤酒花的添加與否及比例衡量也是各家自行斟酌。啤酒在比利時就像一張純白的畫布，任由天馬行空的想像力與野心盡情馳騁，多樣性就是比利時啤酒最大的特色。

美系啤酒：因為沒有悠久的歷史，美國的文化形成本身就像是萬國博覽會；無論飲食、藝術或建築總是看的到各國傳統的影子，然而在吸收養分後也總能茁壯出自己的新生命，成為美國獨有的經典。像是習自德系的全麥拉格，改良成添加玉米配方的清爽系拉格；或是仿自英國的愛爾也藉由啤酒花的變化開拓了一批死忠的美國愛爾信徒。

過去美國啤酒最深植人心的印象大概就是美系淡味淺系拉格（American Light Lager）。輕飄飄的酒體、充足的碳酸泡泡，儼然就是夏日解渴首選。不過，在精釀啤酒大行其道的今日，美系啤酒可不是只有工業啤酒這種千篇一律的保守風味。加入糖或蜂蜜的金黃愛爾（Blonde Ale）、苦味強勁富有柑橘香、致敬英系啤酒的（American IPA）、苦到酒標都要寫警語的美系加強版印度淺色苦味愛爾（Double IPA）等，琳瑯滿目的選擇早已讓年紀輕輕的美國晉身啤酒名門之列。

小知識 筆者第一個嘗試的比利時啤酒是正宗修道院出品的奇美（Chimay）。這家釀酒廠自一八六二年開始便屢創經典，其中一九四八年登場的「紅」著實給當時的筆者大大的震撼：「這是啤酒？」紅棕色的酒體帶有近似堅果的穀物麵包香氣，微苦的厚實口感卻十分順喉，個人認為是《紅、藍、白、金》中最適合入門的一款。

啤酒類型（三）其他／IPA

朋友一直跟我說他非IPA不喝，可是找不到這牌子啊！

1. 德國萊比錫酸鹹風味小麥愛爾（Gose）：曾經紅極一時後被打入冷宮，某天又毫無徵兆的來個強勢回歸。曾經被歷史洪流淹沒的Gose有著香菜與柑橘的氣味及微鹹的口感，這個詭異口感在復古風或大冒險的推波助瀾下竟然重見天日了。據說今日以酵母菌取代過去使用的野生酵母，口感的侵略性減輕了不少，試試應該無妨的。

2. 水果啤酒（Fruit Beer）：台啤與啤酒頭這幾年來可說是將這項技術玩得得心應手。果味與麥香比例調整得宜，入喉的滿足感如同甜美卻清爽的水果舒芙蕾，素有「液態麵包」之稱的啤酒，直接就轉型成「液態蛋糕」了啊！

3. 辛香草蔬啤酒（Spiced Beer）：人類似乎總愛在糧食無虞的狀態下做出跟煉金術一樣禁忌的料理。凡舉辣椒、薑、南瓜等都在勇者的道路上恭候各位征服。

在座各位買啤酒時一定見過IPA（India Pale Ale）。據傳十八世紀身在印度的英國人因為太想念家鄉的啤酒，想方設法不斷將啤酒運到印度，卻往往在途中就變質腐壞了。英國人為此設計出啤酒花濃度提高的新酒譜，不但防腐力提升、能熬過漫長的輸送時間，新穎的厚實苦味也廣受歡迎。

英國歷史學家Martyn Cornell在其所著《Amber, Gold&Black》一書中闡明，十七世紀的英國人為了避免到城外別墅度假時沒酒喝，都會備著風味強化的淡愛爾（Pale Ale）庫存。而這批酒隨著主人登陸印度時，卻因為運送途中的溫差變化等惡劣環境孕育出令人驚豔的複雜滋味，此後便以IPA聞名。

小知識　　對IPA躍躍欲試，但不知道從何入手嗎？就從便利商店夏天一定會進口的龐克狗（Brewdog Punk IPA）開始吧！筆者個人認為，IPA迷人之處就是啤酒花苦味、柑橘香氣及甜味的平衡拿捏。這款啤酒甫入喉的苦味勁道就像高品質濃茶，但第一波濃郁的厚實感尚未離去，清爽的水果芬芳瞬間掃去所有味蕾負擔，最後回甘餘韻的甜美讓人忍不住一口接著一口，享受周而復始的天堂體驗直到最後一滴。

版權歸屬於：Jarretera/Shutterstock.com

版權歸屬於：Marc Venema/Shutterstock.com

版權歸屬於：

enricobaringuarise/Shutterstock.com   DenisMArt/Shutterstock.com   Marc Venema/Shutterstock.com

什麼是生啤酒？

每次去熱炒店大家都說要喝生啤酒，啤酒也有熟的嗎？

各位一定都很熟悉熱炒店中這樣的對話「啤酒當然要喝十八天啊！」「生啤才是王道」究竟生啤酒哪裡不同？

生啤酒（Draught beer／Draft beer）指的是未經巴氏殺菌法（Pasteurization）處理，完整保留多數營養與鮮味的啤酒。法國微生物學家路易‧巴斯德（Louis Pasteur）揪出導致葡萄酒酸化變質的兇手是肉眼不能見的微生物們；雖然百度以上的高溫確實可以殲滅這群侵略者，液體中珍貴的風味口感與養分卻也被連坐處決了。一八六四年時，巴斯德經過反覆試驗發現加熱至攝氏60度（華氏約140度）就足以處理掉礙事的微生物，同時保留酒的風味品質。從此之後，根據液體所含微生物種類採攝氏60度至90度的低溫殺菌法——巴氏殺菌法便廣泛使用於葡萄酒、啤酒、果汁及牛奶等飲料中。

未經過巴氏殺菌法的生啤酒保留了啤酒所有的原始養分與口感。然而鮮美的生啤酒跟生魚片差不多脆弱，常溫下只有一天的保鮮期。啤酒工業技術與時俱進發展出瞬時殺菌，加上全程冷藏配送將生啤酒的壽命延長至一個月左右，然而相較於一般啤酒仍是稍縱即逝。

而另一種新興的「純生啤酒」跟生啤酒一樣未經巴氏殺菌法洗禮，但是多了一道「無菌膜過濾除菌技術」；擋下酵母菌和其他雜質細菌的同時，也減少更多可能造成品質衰敗的變數，保鮮期一口氣延長至一百八十天。

小知識 說到沖繩你會想到什麼呢，除了我婆結衣跟阿古豬肉外，應該就是 Orion 生啤酒了。同樣是生啤酒，Orion Draft 特別在什麼地方呢？首先原料部分選用了澳洲、加拿大跟歐洲的麥芽，調和出最滿意的風味。其次，創新的過濾技術將雜質降到最低，最後抑制氧化的新技術維持啤酒鮮度，確保開瓶入喉的那口就跟剛釀造出來的一樣青！

瓶裝vs.罐裝or桶裝啤酒

啤酒當然要選瓶裝的，高級漂亮又比較美味！真的嗎？

1. 瓶裝：雖然人類飲用啤酒的歷史很長，但過去幾乎都是即釀即飲，直到十九世紀才真正開始裝瓶販售。有鑑於葡萄酒瓶裝的熟練經驗，阻絕空氣效果好、易回收的玻璃瓶自然也成為當時裝啤酒的首選。那為什麼不使用更輕巧的寶特瓶呢？雖然PET／PE／PP等材質基本上都不需要用到塑化劑，但是民眾根深蒂固的顧慮與塑膠廉價的觀感難以改變、加上PET的透氣性容易造成酒體氧化，塑膠瓶自然就從競爭行列中排除。

2. 罐裝：美國紐澤西州的格特佛裡德‧克魯格啤酒釀造公司（Gottfried Krueger Brewing Company）在一九三三年首創罐裝啤酒，即便剛上市難免招來「金屬味會影響啤酒口感」的疑慮，然而強大的便利性很快的就贏得市場高度支持，其他品牌更陸續跟進採用罐裝，一九六九年時，美國國內罐裝啤酒的銷量就已經超越瓶裝啤酒了。而風味偏見在近年也得到認知心理學家的平反：「包裝重量會影響消費者對商品價值的認知」實驗顯示：同一罐啤酒分別分裝到紙杯中，並告知受測者兩杯分別是瓶裝與罐裝，多數人都選擇「瓶裝」風味略勝一籌。而事實上，罐裝啤酒密封性與遮光性都優於瓶裝，保存環境相對可靠，啤酒罐內部也有隔絕層避免酸性啤酒腐蝕金屬造成質變。

3. 桶裝：喜歡生啤酒的朋友一定看過酒吧裡的金屬大桶，從筏門傾瀉而出的金黃酒液光看就覺得特別新鮮。國外有些酒吧也提供顧客買5公升桶裝的服務，方便大型聚會活動。不過生啤酒並不耐久放，桶裝啤酒沒有迅速喝完很快就會變質衰敗。

小知識　想在家辦聚會烤肉趴，看到5公升的啤酒桶很心動卻不敢下手嗎？《海尼根眾量桶》內建的活性二氧化碳裝置能讓桶內氣壓維持在一樣的壓力下，直到最後一杯都像酒吧現打出來的喔！

多喝啤酒有益健康？

啤酒其實不需要對你肚子裡的脂肪負責

你相信嗎？啤酒其實比我們想像中健康。

1. 幫助消化：啤酒中的二氧化碳可以幫助腸胃蠕動，啤酒花則能夠促進胃酸分泌、活化消化功能，炎炎夏日來一口飯前啤酒，食慾瞬間點燃。根據《歐洲臨床營養學期刊》（European Journal of Clinical Nutrition）研究發現，啤酒跟肥胖關聯性並不高。而且啤酒的熱量其實比果汁還低，一罐酒精濃度百分之4.5、330毫升的啤酒熱量約104大卡，相同容量的柳橙汁卻有150大卡。

2. 強健骨骼：《國際內分泌學雜誌》（International Journal of Endocrinology）於二〇一三年的文章指出啤酒中高度的矽含量能夠改善骨質密度，有助於預防關節疼痛與骨質疏鬆。然而，由於攝取高量酒精會降低骨合成量，過度飲用還是有造成骨質流失的風險。

3. 心血管：《營養學期刊》（Nutrition）指出，受測者飲用400毫升啤酒一至兩小時後，血液循環變好且好膽固醇HDL（High Density Lipoproteins）濃度也有提升跡象，降低動脈阻塞與硬化的風險。

4. 放鬆身心：酒精身為最美味的神經麻醉類物質，毫無爭議的最大優點就是渙散你的注意力，卸下平日的武裝與羞恥心。

無論哪種「健康食品」首要原則都必須建立在「適量」之上，以酒精濃度百分之5的啤酒為例，一天500毫升就已經達標。而孕婦或是本身已經飽受糖尿病、高血壓、胃炎、肝病等宿疾所擾的人，在養好身體前，還是先跟酒精飲料絕交吧！

小知識　由於技術的進步，無酒精啤酒的口味跟啤酒愈來愈像，不僅提供消費者更安心的選擇，也打進穆斯林市場。無酒精啤酒領頭羊海尼根表示旗下無酒精啤酒的營業額每年都有百分之9的成長率，由此可見需求確實存在。不過，由於各國對於「無酒精啤酒」的法規有所不同（美國酒精濃度百分之0.5以下就可定義為無酒精啤酒），即便選購標榜「無酒精」的飲料，還是可能攝取到微量酒精，安全起見，酒後還是不要開車。

最貴的啤酒

啤酒都很平價的，怎麼會出現在拍賣會上？其實還真的會

啤酒是否也有跟威士忌或葡萄酒一樣的天價逸品呢？跟大家分享幾款有錢也買不到的珍奇異獸。

1. Sapporo Space Barley：二〇〇六年時，日本岡山大學與俄國科學家聯手研究太空中能否成功培育食物，將大麥種子發射到國際太空站，在軌道上運行繁衍後的第四代產物就被運回地球上釀製出這款「札幌太空大麥啤酒」。二〇〇九年限量發售兩百五十組的太空啤酒一組六瓶售價美金110元，為了激勵太空科學教育，收入全數贈與岡山大學。

2. Tutankhamun Ale：劍橋大學考古學家Barry Kemp博士於一九九〇年時在埃及一次挖掘行動中出土了女王納芙蒂蒂（Queen Nefertiti），並且在遺跡中發現十個釀酒室以及芳齡三千多歲的啤酒殘留物。不知道哪來的靈感，Kemp博士與同行的科學家Delwin Samuel決定重現女王喝的酒來海削一筆。兩人遠赴蘇格蘭與釀酒師Jim Merrington成功釀造了一千支，並以法老之名為這支酒命名為圖坦卡門（Tutankhamun）。第一支旋即以令人振奮的7,686元美元成交，但美夢醒的總是特別快，價格迅速跌至70美元後，Merrington的釀酒廠也在一年後關門大吉。

3. Antarctic Nail Ale：啤酒要夠冰才好喝，那南極冰山釀成的啤酒應該很美味囉？二〇一〇年時，海洋守護者協會（Sea Shephard Conservation Society）為了募款，搭乘直升機到南極冰山採集冰塊後送至澳洲伯斯的酒廠釀造。為數僅僅三十瓶的夢幻限量啤酒，在澳洲佛裡曼特爾城（Fremantle）舉辦的拍賣會上以800美元成交第一瓶，第二瓶則由開價1,850美元的Anthony Durrell得標。募款所得全數均捐贈海洋守護者協會。

小知識

捷克盛行的觀光主題—Beer Spa。將加熱至適宜泡澡溫度的黑啤酒混合啤酒花、麥芽與各家祕方調成的粉末裝滿略帶馨香的木造浴盆，還沒開始洗，疲憊感就沖掉大半了啊！非常驚喜的是，筆者查資料時發現臺南「啤酒花大酒店」也領先全臺推出啤酒浴了！

為什麼啤酒是六瓶裝販售？

為什麼一手都裝六瓶而不是三瓶或八瓶？

六瓶一組的「Six Pack」啤酒包裝因為方便單手提取而被稱為「一手」單位，但「六」這數字是怎麼訂出來的？外國人應該沒有六六大順這個觀念吧？

一九三三年美國禁酒令解除後，販售啤酒的零售店如雨後春筍般竄出，民眾不再需要躲躲藏藏、透過暗號買酒，也不需要大老遠跑一趟酒廠。然而直到五〇年代初都沒有廠商設計專屬外帶的包裝，顧客只能提沉重的木箱回家。

根據「美國啤酒博物館」（American Beer Museum）提供的資料顯示，「Pabst Brewing」據信是最早發明「一手」的啤酒製造商。不知道當時他們是做了什麼樣的田野調查、取了多少樣本數，總之這個六瓶單位被認定是普遍家庭主婦可以舒適提回家的最大值。不過也有另一種說法：六瓶單位的長寬跟購物紙袋完美吻合，將啤酒放在紙袋底部後，還能為繼續盛裝的其他物品額外提供了穩固的底座。無論六瓶裝起源的契機故事為何，可以確定的是這個單位確實符合多數人的需求與便利性，才會沿用至今。

世界上最知名、最巨大的six pack啤酒位於威斯康辛州。Heileman釀酒廠在六〇年代建造了六個巨型儲酒槽（一個儲酒槽大約可以分裝成700萬罐容量330毫升的啤酒），並繪製成該公司的Old Style Lager啤酒罐。這一組six pack 紅極一時，成為旅經此區必遊的景點，禮品店中的明信片等紀念商品更為酒廠帶來額外收入。即便三十年後關閉易主，酒廠新主人深知「six pack」這標的物具備的廣告效益自然將他們保留下來，並且於二〇〇三年重新漆上自家產品「La Crosse Lager」。

小知識

「宜蘭酒廠」在消毒酒精一瓶難求的新冠疫情期間，責無旁貸的停止年營收上看5億臺幣的「紅露酒」，轉而將生產線拿來製造75% 消毒酒精。當旅遊重新成為一個不再戰戰兢兢的活動時，我們也許，至少，將這些曾經伸出援手的企業納入旅遊選項吧。

啤酒是古文明

你喝的啤酒釀在西元前，深埋在美索不達米亞平原……

啤酒的歷史最早可以追溯到什麼時候呢？

啤酒的歷史跟我們目前已知最古老文明——蘇美文化一樣悠久。底格里斯河與幼發拉底河孕育的「肥沃月灣」（Fertile Crescent）讓原本過著顛沛流離、提心吊膽採集生活的人類認識了野生大麥小麥之後，發現世界上原來存在著如此貼心的食物，不急著吃掉也不會立馬臭酸，便決定開始儲存穀物，甚至愛上穀物的好個性，放棄浪子的生活就此定居。

發酵學博士兼啤酒研究員湯馬士·肖漢默（Thomas Shellhammer）博士認為，人類初嚐啤酒應該是個意外。一個稀鬆平常的採集日，人們將大麥放進桶子後就出門打獵了。然後突如其來的一場午後雷陣雨將大麥打溼導致發芽，大家都還來不及回家面對災情之前，又下了一場雨，接著就是見證奇蹟的時刻。不知道哪來的野生酵母將糖轉化成二氧化碳跟酒精，世界上第一批精釀啤酒就這樣誕生了。出外打拼多日的人類回家看到這桶冒泡的未知液體不知道是口太渴、還是覺得好玩抽籤選了個勇者試毒，總之喝下了第一口，就愛上了。

美索不達米亞的壁畫中常見人們以葦管當成吸管，從酒罐中飲酒的圖樣，古籍文獻中也找到許多啤酒生產的記載，甚至已出土的文物——《給女神寧凱西的聖歌》中，對啤酒女神溢於言表的景仰以及鉅細靡遺的啤酒釀造方法紀錄都在在佐證了啤酒的悠遠身世。

雖然啤酒在希臘、羅馬時代被視為「蠻族的飲料」，但它獨有的魅力終究滲透了文人雅士的成見，一路蔓延擴展至整個歐洲版圖，今日各家爭鳴、風格迥異但同樣令人迷醉的啤酒才得以問世。

小知識 你是一個喜歡老店、只挑「正宗」的饕客嗎？一八四二年的配方夠資深了吧？捷克銷售第一的啤酒品牌—皮爾森之泉（Pilsner Urquell）的誕生地皮爾森其實曾經礙於設備不良、釀造技術落後，在啤酒釀造的道路上掙扎了 500 年。血管裡流著啤酒的皮爾森人決定改寫這屈辱的歷史，在一八三八年的某一天集結在市政廣場上倒掉了三十幾桶啤酒，象徵與失敗的過去告別，同時集結各家釀酒廠股東合力建造新釀酒廠，並聘請巴伐利亞專業釀酒師加持，之後名聞遐邇、至今仍熱銷的第一瓶皮爾森啤酒於焉誕生。

為什麼啤酒瓶的玻璃是深色？

玻璃瓶顏色那麼深都看不出來是濃是淡，做透明的不好嗎？

冰雪聰明的各位一定還記得，討論瓶裝與罐裝啤酒那章節時提到，啤酒直到十九世紀才開始裝瓶販售，而當時的玻璃工藝還不算精湛，原料中的鐵離子很難完全清除，因此玻璃都會帶一點微微的綠色。即使後來製造技術日漸純熟，已經能夠成功做出透明無瑕的玻璃，但因為成本過高，放在平價的啤酒上會讓價格不成比例的飆漲，索性還是沿用綠色或其他顏色的玻璃瓶了。

二十世紀時，棕色的玻璃瓶開始受到青睞，可能是當時儲存啤酒的人太粗心，隨便把啤酒放在曬得到太陽的地方，結果發現只有棕色玻璃瓶的啤酒沒有嚴重走味。啤酒曬日光浴之後，啤酒花中的草酮會鼓勵核黃素（維生素B2）的生成，啤酒花中的α-酸一但與核黃素過從甚密，就會產生一股令人不悦的臭味。而較不易透光的棕色啤酒瓶就像貼了隔熱紙一樣，意外的阻止反應產生，保住啤酒的風味。

今日隨著儲藏設備的完善、冰箱之普及，保存條件遠優於過去的環境，部分廠牌如可樂娜（Corona）便推出了透明玻璃瓶裝啤酒。過去已經憑藉深綠色瓶身姿態鞏固市場的品牌如海尼根（Heineken）則持續堅守消費者心中已與高品質劃上等號的經典海尼根綠。當然，還有國人的驕傲——臺灣啤酒更以經典台啤棕色瓶身、金牌綠色瓶身方便區別選購。

然而筆者個人還是傾向於啤酒維持深色玻璃瓶的傳統，即便啤酒在運輸過程中理應受到妥善保護，相信大家偶爾都還是有買到變質啤酒的不幸經驗。畢竟無論哪個環節上多照了點光，有多一層防曬的保護還是讓我們踩雷的機率低一些。

小知識
你身邊也有朋友總是被商品外表迷惑嗎？臺灣艾爾（Taiwan Ale Brewery）推出的番茄酸啤酒（Tomato Sour Beer），充滿活力的酒標配色就是清純可愛，還有貼心方便的拉環設計搭配矮矮胖胖瓶簡直逼人愛不釋手。重點是，番茄並沒有突兀的味道，反而為濃郁的酒體多了一層恰到好處的味蕾刺激，瞬間見底。

046 煙燻風味啤酒是個美麗的錯誤

啤酒也有燒烤風味也太特別了吧？其實沒這味道才特別

煙燻風味原本是一種保存、調味食物的料理手法。將鮭魚、豬肉或雞鴨等食材懸掛起來，接著在下方燃燒木柴、茶葉或其他香料，藉著燃燒產生的熱度與吸附在食物上的煙霧延長食物存放時間並增加額外風味。雖然今日已經有更強力有效的保鮮方式，但煙燻帶來的層次感令人難以忘懷，煙燻食品已經成為永久存在、不容遺棄的美味遺產；加上燻烤風味容易產生節慶露營等美好時光的聯想，許多加工食品如洋芋片、Tabasco辣椒醬、乳酪絲等也推出煙燻風味。那麼煙燻風味啤酒也是從善如流的結果嗎？

其實在十八世紀之前，人們做不出「沒有」煙燻味的啤酒。烘烤麥芽的燃料早期以稻草跟木材為主，燒烤過程產生的煙味自然附著在麥芽身上，隨著釀造過程融入酒體，成為不可分割的部分風味。而木材開始短缺之後，煤炭成為燃料首選，然而煤炭燃燒產生的BBQ風味比起木材有過之而無不及，粗獷的啤酒風味就這樣伴隨著人們直到無煙燃料與滾桶式乾燥爐（Drum Kiln）的出現。

新技術的出現讓煙燻風味瞬間被貼上「技術低落」、「過時」等標籤，清爽無雜質的純淨躍升市場寵兒，帶有煙燻風味的啤酒一度隨之沒落。然而，流行這回事就是這麼弔詭，曾經被厭倦的遲早會被懷念。近日許多復古英系啤酒試圖重現當時的「臭火焦」氣息，刻意將啤酒形塑成早期被定義為「瑕疵品」的風味。雖然可以品嚐復古味啤酒似乎也是滿有趣的體驗，然而基於這幾百年來工業技術等比級數的進步，今日釀造環境條件不可同日而語，即便熟知原理也不見得能夠完整複製，所以下次嘗試煙燻風味啤酒時還是將它視為嶄新口味吧！

小知識
想要體驗吃一口「烤肉」喝一口烤肉的極致煙燻饗宴嗎？來一瓶 Schlenkerla 吧！這款巴伐利亞傳統啤酒的原料混合了煙燻大麥與未煙燻的小麥，在濃厚的粗獷風味後來一記淡雅的回馬槍，小心愈喝愈上癮而過量喔，真的「Schlenkerla（德文原意：走不了直線）」就不好了。

啤酒的泡沫

店家倒給我的啤酒總是有一層泡沫，是坑錢嗎？

啤酒泡沫（Beer Head／Beer Collar）的成因是麥芽、啤酒花發酵過程中產生的蛋白質，具有抓住二氧化碳的活性劑作用。啤酒發酵過程中自然會產生二氧化碳，甚至依品牌的喜好與需求在裝瓶時也會加入一些，麥芽中不親水的脂類轉移蛋白LTP1（Lipid Transfer Protein 1）會抓住二氧化碳，形成緊密不易消散的泡泡。釀造成分、發酵方式的不同都將決定泡沫多寡。這層泡沫除了創造華麗的層次感之外，還能形成守護啤酒風味的保鮮「沫」，減緩氧化的速度。

雖然啤酒的泡沫比起碳酸飲料相對強壯，但仍有些天敵會讓它瞬間消散：

（1）唇膏：唇膏中的蠟會破壞蛋白質的相互作用，硬生生的斷開LTP1與二氧化碳之間的鎖鏈。

（2）油：油炸食物跟啤酒是天作之合，但油脂卻也會對泡沫穩定性造成悲劇。每一口炸物跟啤酒間稍微擦個嘴都能延長泡沫的壽命。

（3）溫度：溫度過高時，啤酒中的小氣泡會被大氣泡吃掉，造成泡沫組織不平均，不穩定的架構自然變的脆弱易碎，稱為泡沫的岐化作用（Disproportionation）。

那要如何倒出豐滿的泡沫呢？

（1）乾淨的杯子：酒杯中殘存的油脂是泡沫大敵，殘留的清潔劑也會造成相同的傷害，因此確保餐具的潔淨，甚至依據功能需求區分海綿（避免油脂殘留）都是有助於品味美食的。

（2）杯身傾斜45度角，讓啤酒自杯壁流向杯底

（3）酒杯約2/3滿時轉正。另一種方法是德國人愛用的「分次倒酒」，先直接倒入半杯酒，沖出一層厚厚的可愛圓頂後再慢慢的逐次倒入，這種方法比較費時，但是泡泡經過不斷壓縮會呈現更綿密細緻的口感。

> **小知識** 既然發現泡沫的好，最愛出周邊的日本人怎麼可以錯過這個商機？橫跨威士忌跟啤酒的酒廠大老三得利在二〇一六年首創了隨身型的啤酒打泡機—Suntory The Premium Malts's 綿密泡沫機。這個小小的裝置就像是幫啤酒罐戴一頂鴨舌帽，震動打出的泡沫細緻扎實久久不散，而且只送不賣，還年年推陳出新。

版權歸屬於：Piotr Piatrouski/Shutterstock.com

看見粉紅色大象

請你現在「不要」想像一隻粉紅色的大象，你看見什麼了？

史丹福大學的一項研究發現，在人腦中植入一個圖像，這個記憶就會反覆的刺激神經系統，形成清晰的提示。例如說：小時候提著一大壺自己拿不太動的果汁，媽媽愈是告誡你小心不要打翻，往往打翻的機會就愈大，就像電影全面啟動（Inception）一樣，當對方告訴你「不要去想那隻粉紅大象」，此時你的腦中浮現的就是一隻粉紅大象的身影。

比利時釀酒廠「Huyghe」推出的一支獲獎無數的啤酒－「Delirium Termem」便是以這隻令人困惑的粉紅大象為標籤圖樣。Delirium Termem意為「震顫性譫妄」，這是戒酒人士在戒斷症狀出現時的拉丁學名。這樣的名稱就像是在暗示消費者，無論你多麼堅定自持的想將喝酒的念頭拋諸腦後，不斷浮現的粉紅大象還是會催眠你重回它的懷抱，等你恢復意識的時候，已經安穩地坐在客廳沙發上，手上拿著Delirium Termem，桌上還有好幾瓶等著被臨幸。

這支酒聽起似乎不是善類，實際品嚐後卻很難不折服於它的魅力。同系列被稱為深粉象的Delirium Nocturnum，那櫻桃色的酒液先贏得第一印象，細緻的泡沫拉開序幕後緊接而來撲鼻的果味香氛，清甜不膩口的糖蜜滋味將啤酒花的存在感完美掩飾。如果你身邊有「我最討厭啤酒了！好臭又好苦」這樣的朋友，這支酒將會讓他對啤酒的世界改觀。

在座的各位女孩們，接下來要說的事情非常重要。除了絕佳的成癮性之外，這支酒還有個惡名昭彰的「失身酒」別稱，甜美順口的特性很容易讓人喝的又多又快，但是淺粉象Delirium Termem與深粉象Delirium Nocturnum的酒精濃度都高達百分之8.5，隻身在外千萬不要輕易接受他人的這份好意，想小酌時務必帶上護花使者。

> **小知識**
> 筆者這邊推薦一款不是啤酒的水果酒—Somersby Apple Cider（夏日蜜蘋果酒）。cider 是水果釀造的酒類，酒精濃度通常不超過 9%，香甜微酸的滋味能征服所有飲酒初心者。而特別推薦這款的原因是，來自丹麥的 Somersby 酸度討喜，不像部分英國 cider 有喝醋的既視感，甜度更自然不死甜，筆者自己身邊的朋友從幾乎不喝酒的到重口味資深酒鬼，無一不被征服！

在不同的國家，最容易找到的啤酒跟你想像中的是否一致呢？

國家	最常見啤酒	國家	最常見啤酒
阿根廷 Argentina	Cerveza Quilmes	丹麥 Denmark	TUBORG BEER
阿魯巴Aruba	BALASHI	多明尼克 Dominica	Kubuli
澳洲Australia	VICTORIA BITTER	多明尼加 Dominican Republic	Presidente
奧地利Austria	Still	厄瓜多 Ecuador	Pilsener
亞塞拜然 Azerbaijan	Xirdalan	埃及Egypt	Stella/Sakara
巴哈馬 Bahamas	KALIK	薩爾瓦多El Salvador	Pilsener
巴貝多Barbados	Banks	衣索比亞Ethiopia	St. George Beer
白俄羅斯Belarus	KpliHiUa	芬蘭Finland	Olvi beer
比利時Belgium	Jupiler	法國France	Kronenbourg 1664
貝里斯Belize	BELIKIN BEER	德國Germany	Erdinger
貝南Benin	La Beninoise	迦納Ghana	Club Premium Lager
玻利維亞Bolivia	PACENA	希臘Greece	Mythos
波西尼亞及赫塞哥維納 Bosnia and Herzegovina	Jelen	瓜地馬拉 Guatemala	Gallo
巴西Brazil	SKOL	海地Haiti	Prestige
保加利亞Bulgaria	Kamenitza	宏都拉斯Honduras	Salva Vida
柬埔寨Cambodia	Angkor Beer	香港Hong Kong	San Miguel
喀麥隆Cameroon	Castel Beer	匈牙利Hungary	BORSODI
加拿大Canada	Budweiser	冰島Iceland	VIKING
維德角共和國 Republic of Cape Verde	STRELA	印度India	KINGFISHER
智利Chile	CRISTAL	印尼Indonesia	BINTANG
中國China	雪花Snow	伊朗Iran	LIGHT DELSTER
哥倫比Colombia	POKER	愛爾蘭Ireland	GUINNESS
哥斯大黎加 Costa Rica	Cerveza Imperial	以色列Israel	Goldstar
克羅埃西Croatia	Ozujsko Pivo	義大利 Italy	Birra Moretti
捷克Czech Republic	Gambrinus	日本 Japan	Asahi Super Dry

四、其他酒類

烈酒都充滿靈性？

是因為比較容易喝醉失神，所以烈酒叫spirit嗎？

如果你跟筆者一樣是還沒點餐就急著欣賞酒單的人，相信你一定注意過「Spirit」這頁找不到葡萄酒與啤酒，滿滿都是酒精濃度百分之四十以上的威士忌、琴酒、蘭姆酒或龍舌蘭等狠角色。烈酒認證課程WSET（Wine & Spirit Education Trust）也以「Spirit」當作烈酒的代稱。究竟烈酒與精神的關聯為何？認知中的「烈酒」都是蒸餾酒（Distilled Beverage），蒸餾後的高酒精濃度酒液屏除了所有雜質與色彩，只保留原料最精萃的風味，就像是只取出原料的靈魂一樣。而蒸餾與「Spirit」的語意關聯可以追溯至神祕的煉金術。

提起煉金術，多數人的第一印象往往都是點石成金的道士幻術，但就實際面來探討，煉金術更是人類探究物質組成的化學啟蒙之旅。提煉、蒸餾、腐化、鍛造、發酵等技術都是煉金術士學習分解重組物質必須習得的技術，而此時在蒸餾過程中蒐集所得之液體就被稱為原料的「Spirit」。

煉金術士聽起來跟現代的化學家很類似吧？然而相較於鍛造陶冶出致富的黃金財富，其實修煉過程更醉心追尋的是靈魂的成長昇華。如同《牧羊少年奇幻之旅》（O Alquimista）書中主角橫越沙漠追尋賢者之石（Philosopher's Stone）與生命之水的艱辛旅途，其實是原作保羅・柯爾賀（Paolo Coelho）將找尋自我的旅程幻化而成的寓言。也如同電影《忐忑》（As Above, so Below）中的女主角，經歷劫難考驗取得的「賢者之石」不是那塊有形的寶石，而是破繭而出的自己。

我們手上這杯Spirit正是釀酒師們轉化人生歷程、傾注畢生所學、燃燒淬煉信念所創造的生命之水。

> **小知識**
>
> Nespresso 膠囊咖啡機大家都用過吧？只要輕鬆一鍵完成所有動作，剩下的時間都可以學喬治耍帥。酒鬼們怎麼可以讓咖啡專帥於前？「Smart Spirit」推出的烈酒膠囊機原理上跟咖啡機差不多：一個可設定酒精濃度的主機、可組裝至主機的高品質基底烈酒、各式風味膠囊，第一次當 bartender 就上手。最潮的是還可以連結手機藍芽遙控，談笑間就上酒，完美時間管理。

生命之水

為了留住珍貴的生命，生命之水可別亂喝

現在你知道烈酒（spirit）與煉金術之間的關係了，據說當時煉金術士將其視為不老之泉並稱其生命之水（Aqua－Vitae）。不過問題來了，每個國家都有自己的釀酒技術，這麼多種烈酒誰才是生命之水？

1. 威士忌（Uisge Beatha）：究竟是蘇格蘭人或是愛爾蘭人發明了威士忌，雙方各執一詞至今仍然沒有定論，然而可以確定的是，Whiskey這個字的語源來自蓋爾語。當時的人蒸餾出這晶瑩剔透的美味液體時並不是完全理解其中的化學原理，只知道自己好像做了一個很厲害的儀式把穀物的靈魂抽出來了，因此就將國粹威士忌稱為生命之水。

2. 白蘭地（Eau-de-Vie）：深植法國人心的葡萄酒早已立於不敗，卻因為大航海時代所逼，驚奇的獲得再度進化的新姿態。據説十三世紀時，荷蘭酒商與法國葡萄酒貿易往來十分興盛；然而酒精濃度不高的葡萄酒極易蒸散，每次船運途中總是被天使喝掉太多。酒商為了減少損失便採用蒸餾技術將葡萄酒蒸餾成風味更勝、更耐存放的葡萄酒精華，即為知名的白蘭地。

3. 伏特加（Spirytus Rektyfikowany）：不同於Uisge Beatha與Eau－de－Vie是威士忌及白蘭地的代稱，「Spirytus Rektyfikowany」是產於波蘭的一款酒精濃度高達百分之九十六的伏特加。這個離奇的酒精濃度其實並不適合純飲，通常還是扮演基酒的調和身分。然而無論是基於征服的好勝心、純屬好奇或是朋友慫恿，勇者總是沒有少過，也因此發生過憾事。

BELVEDERE
VODKA

DISTILLED AND BOTTLED BY
POLMOS ŻYRARDÓW IN

POLAND
alc. 40% vol. 20 cl e

誰發明了伏特加

能夠讓戰鬥民族不好意思正面對決的，大概只有波蘭伏特加

伏特加「Vodka」源自斯拉夫語的「水」（Woda／Voda）。說到伏特加，多數人都會直接聯想到戰鬥民族。一口酸黃瓜搭配一杯Vodka shot，然後餵餵窗邊的野生熊熊，聽起來就是俄國人的典型日常。但波蘭人恐怕有極為不同的想法。

歷史學家亞歷山大・皮札科夫（Alexander Pidzhakov）的研究中指出，俄國大約在十五～十六世紀開始釀造伏特加。當時俄羅斯人發現蒸餾技術似乎值得一試，便以小麥、黑麥等穀物開始釀造透明嗆辣、具有保暖禦寒效果的伏特加。直至十六世紀，更經濟的馬鈴薯與玉米傳到歐洲，馬鈴薯才成為今日伏特加的主要原料。雖然這個時間聽起來有點模糊，但感覺似乎也足夠捍衛俄國發明伏特加的主張；然而很尷尬的是，波蘭最早使用「伏特加」一詞的歷史竟可追溯至一四〇五年桑多梅日浦法爾茨（Palatinate of Sandomierz）的法院文件《Akta Grodzkie》。雖然記錄上並非聲明伏特加是廣泛引用的飲料，而是消毒、麻醉用的藥物，仍然明確證實伏特加存在於波蘭的時間早於俄國。

那麼伏特加與俄國的深厚印象是如何連結起來的呢？也是諸多「聽說」與「可能」拼湊而成的結果。元素週期表之父門捷列夫（Dmitri Ivanovich Mendeleev）於一八六五年提出的博士論文《探討酒精與水的結合》中定義最理想的伏特加酒精是百分之三十八，但為了方便計算稅收，沙皇委員會便採整數百分之四十訂為高品質標準。然而也有資料顯示，門捷列夫的論文中並沒有關於「伏特加最佳濃度」的討論篇章，極有可能是假藉門捷列夫的名聲為萬惡的賦稅制度背書。

小知識 戰鬥民族的Vodka其實大家一定不陌生，Stolichnaya（蘇聯紅牌蘇托力）在各大量販店都看得到他的身影。無色無味的蘇托力中規中矩，由於不會搶味，非常適合拿來當作任何酒譜的基酒，都能稱職扮演綠葉。然而為了增加變化的可能性，蘇托力也出了香草、草本蜂蜜鹹焦糖等風味，價格也很親民。

你不知道的伏特加

伏特加是最「乾淨」的酒

　　無色無味的伏特加名為六大基酒之首，容易搭配的特性使它擁有極高的市佔率與接受度，不過，伏特加還有許多面貌值得一窺。

1. 「最」不容易宿醉：波士頓大學與布朗大學聯合研究不同酒類飲料造成的宿醉情形，結果發現威士忌飲用者的宿醉指數（Hangover Index）比伏特加者高出百分之三十六。而事件的犯人是酒中的「同系物」（Congeners），木桶積年累月為酒體增加風味同系物與雜質需要耗費時間與體力代謝，如果身體對這些物質有過敏、發炎的反應就會帶來更痛苦的宿醉。威士忌的同系物百分比含量最高，約有百分之0.1，葡萄酒約百分之0.04。蒸餾後不放橡木桶熟成，還經過活性碳過濾的伏特加只有百分之0.01。

2. 除臭：探索頻道節目《流言終結者》中的主持人凱莉（Kari Elizabeth Byron）曾經針對伏特加能否除臭做了驗證，其中包含腳臭與口臭。第一輪是伏特加泡腳對照市售足浴粉，第二輪則是自製伏特加調和肉桂粉的漱口水對決市售漱口水。根據主持人今原（Grant Masaru Imahara）捨身試聞的結果表示，伏特加在兩項除臭測試的表現都不亞於市面專用商品。下次買到不合口味的伏特加時，至少你有倒掉以外的選項了。

3. 螺絲起子是原料：只要有伏特加跟柳橙汁就能製作的調酒——螺絲起子（Screwdriver）是相當常見的熱門飲品，據說這突兀名稱的由來還真的跟起子有關。美國石油工人據信是這款調酒的發明者，因為工地沒有吸管或攪拌棒，索性就拿螺絲起子來攪拌伏特加套柳橙汁。

> **小知識**　如果說你看過蘇托力，那有 87% 的機會你應該喝過思美洛（Smirnoff）。這款全球銷售最佳的 Vodka 早在我們還不知道 Vodka 怎麼拼的時候，進佔各大超商的檸檬思美洛（Smirnoff Ice）就帶領懵懂的我們踏入調酒世界。

蘭姆酒是海盜喝的酒

傑克船長表示：「要求救也不能燒光我的蘭姆酒！」

強尼‧戴普（Johnny Depp）主演的《神鬼奇航（Pirates of the Caribbean）》，讓全球影迷都沉醉於蘭姆酒永不離身的「傑克船長」（Jack Sparrow）那玩世不恭的獨特魅力。海盜為什麼獨鍾蘭姆酒（Rum）？蘭姆酒是怎麼來的？

據說蘭姆酒發源於西印度群島東端的島國巴貝多（Barbados），初來乍到就被喝醉島民嚇傻的英國人便以德文郡（Devon）方言「rumballion」（意指興奮）來稱呼島民喝的酒。蘭姆酒的原料相當物盡其用，是將提煉砂糖後所得廢渣──糖蜜拿去蒸餾而成的烈酒，可說是將甘蔗榨了又榨、榨了再榨。外來者侵門踏戶又擅自命名別人的農產品固然有點失禮，但蘭姆酒能夠誕生其實也歸功於大航海時代的冒險家們。因為甘蔗並不是西印度群島的原生物種，而是歷經了阿拉伯商旅從印度傳至西班牙，再跟著哥倫布落腳西印度群島，才於此地蓬勃發展。

蘭姆酒原料價格低廉，成品自然貴不到那裏去，加上蒸餾後性格濃烈嗆辣、久存耐放還身兼殺菌功效等優點，令水手與海盜們愛不釋手。十八世紀時正式列入海軍配給品的蘭姆酒還常常被船長拿來當應急的工資發放。由此可見蘭姆酒的風靡程度。

雖然電影時常可見海盜與蘭姆酒形影不離的刻板印象，但釀造工業成熟的今日，蘭姆酒再也不侷限於當時豪放粗獷的風貌。就顏色分類可歸納為：

（1）白蘭姆（Silver Run）：未桶陳的透明蘭姆酒，味道清淡，常見於雞尾酒調製。

（2）金蘭姆（Gold Rum）：使用焦糖增色的淺棕色蘭姆酒。

（3）黑蘭姆（Dark Rum）：橡木桶熟成三年以上的深棕色蘭姆酒，滋味深沉複雜、濃烈豐厚、回味無窮。

小知識　亨利摩根船長是十七世紀叱吒加勒比海的傳奇英國海盜，他開疆擴土的偉業不僅吸引眾多追隨者，甚至贏得皇室敬重而被冊封爵士，一六八〇更受命為牙買加總督。以這麼充滿故事的角色所命名的蘭姆酒已經夠引人入勝，一九八三年推出祕製調味的香料款，摩根船長蘭姆酒（Captain Morgan Original Spiced）就此立於蘭姆酒界不可撼動的地位。

自由古巴？

這調酒名字怎麼來的，難道蘭姆酒有參與革命嗎？

對調酒略懂的人一定聽過蘭姆酒加可樂（Rum Coke）的別名——自由古巴（Cuba Libre）。這個濃厚政治氣息的名字是怎麼來的呢？

有一說是古巴一七九〇年開始爭取獨立，革命情勢在十九世紀中期達到鼎盛，各地群起響應的武裝起義聲浪愈燒愈烈。此時的革命軍也許為了補充體力、提神壯膽或是凝聚患難意識而發明了在蘭姆酒中加入咖啡、蜂蜜等配料的調酒，有助於反抗軍們在酒精的催化下激動亢奮卻不至於醉得不省人事。在這樣的時空背景下，這個原始酒譜就被稱為自由古巴了。

在戰事進入白熱化階段，眼看反抗軍勝券在望時，美國又照慣例跑去管別人家務事了。派軍駐紮在古巴的美軍士兵在一個悶熱難耐的一八九八年下午進酒吧點了一杯白色蘭姆酒（Bacardi）後，發現周遭同袍都在喝可樂，突然想起國內正在實施禁酒令，自己卻在異國大辣辣地點酒，趕緊要了一些可樂兌酒。想不到這個新滋味驚為天人，在場的人紛紛群起效尤，當地人更驚呼「這味道，跟我們的自由古巴好像啊！」而且用可樂調製比起蜂蜜經濟又方便，這新酒譜就這樣流傳下來了。

只是，可樂在一九〇〇年才進口至古巴，美國禁酒令的時間也在這之後。稍微可靠一點的說法是，戰爭結束後，西班牙將古巴割讓給美國，而美國於一九〇二年宣布古巴獨立後，古巴人跟美國人一同慶祝自由到來，一邊高喊「Viva Cuba Libre！」一邊玩大冒險套酒將古巴的蘭姆酒跟美國的可樂混成一杯，才誕生了Cuba Libre。

> **小知識** 想重現一杯海明威最愛的 Mojito，首先不可或缺的就是哈瓦那俱樂部窖藏 3 年蘭姆酒（Havana Club 3 Anejo Especial）。這款血統純正的古巴拉蘭姆酒歷經 3 年沉寂的歲月，淬鍊出有別於一般白色蘭姆酒的豐富熱帶香及焦糖香氣，試想它與新鮮薄荷共譜的滋味，難怪文豪會寫下「The world is a fine place and worth fighting for」（這世界如此美好，值得為其奮鬥）。

版權歸屬於：HandmadePictures/Shutterstock.com

Tequila墨西哥限定

Tequila是龍舌蘭酒，但龍舌蘭酒不一定是Tequila喔！

龍舌蘭（Agave）不是蘭花，是中美洲一種非仙人掌肉類植物，葉片尖銳細長布滿小刺，肥厚的莖被稱為龍舌蘭心，最大可長至60公斤左右。外觀像一棵巨型鳳梨的龍舌蘭拿來釀造果汁或酒的部位正巧也是長的像鳳梨果實的莖。這顆硬核儲存了大量的菊糖（inulin），非常適合發酵製成果汁跟酒。

1. 普逵酒（Pulque）：一五二一年，西班牙人征服阿茲特克（Aztec）帝國時發現當地人會以甜美多汁的龍舌蘭心釀造普逵酒，實際發明的年代已不可考，但五百年的歷史也不算短了。這種乳白色的飲料酒精濃度並不高（大約10%），多用於祭祀等特殊場合，而且只有位高權重的祭司跟戰士才有資格飲用。雖然這些「傳統儀式」已不復見，墨西哥仍然找得到普逵酒的蹤跡。

2. 梅斯卡爾酒（Mezcal）：西班牙人固然認為普逵酒味道不錯，可是酒精不夠濃烈，喝再多換來的也是隔靴搔癢的空虛感，蒸餾過的梅斯卡爾酒因此誕生。部分梅斯卡爾酒會將蝴蝶幼蟲放在酒中當成特色，至於發想出這創意的是哪位天才則眾說紛紜；有一說法是製程中的意外乾脆將錯就錯，另一說是為了改善酒的風味才加料。

3. Tequila：基本上製程跟Mezcal很類似，但有更多條件必須符合：

（1）只能使用藍色龍舌蘭（Blue Agava）。

（2）合法產區：墨西哥境內的哈利斯科州（Jalisco）、瓜納華托州（Guanajuato）、納亞里特州（Nayarit）、塔毛利帕斯州（Tamaulipas）、米邱肯州（Michohacan）等地出產才能稱為Tequila。

（3）標註「CRT」龍舌蘭酒規範委員會（Consejo Regulador del Tequila）及「NOM」墨西哥官方標準（Norma Oficial Mexicana）等官方認證。

（4）酒精濃度不低於35%。

（5）不能含有蟲等異物。

小知識 Julio Gonzalez 年輕時在叔叔的釀酒場工作，後來大概是基於對 Tequila 的熱情與堅持而自立門戶「Don Julio」。彷彿是嫌 Tequila 還不夠稀有一樣，Don Julio 只採用墨西哥 Los Altos 與 Jalisco 兩地手工栽種的龍舌蘭，並耐心等待果實自然成熟到適宜甜度後才採收。殘酷限量的 Don Julio 都有編號，顯見每一瓶背後的嚴謹付出。

更多你需要知道的Tequila

拿Tequila求婚就好了，反正它跟鑽戒是差不多的東西。

1. 發明過程是神蹟：據說某個雨天不在家躲好的阿茲特克人目睹了龍舌蘭被雷擊的一幕，撲鼻的甜美香氣跟糖漿一同迸發而出，放任這個被攻擊的龍舌蘭莖發酵之後，就變成了感恩閃電、讚嘆閃電的普逵酒。

2. 墨西哥當地不喝shot：如果各位很有耐心的看完了前一章，相信勢必也會認同需要克服重重關卡才能製成的Tequila，值得、也理應心存感激的細心品嚐小口啜飲，而不是一口飲盡，只留下檸檬味的買醉飲料。

3. 可以製成鑽石：墨西哥國立自治大學（National Autonomous University of Mexico）研究人員發現龍舌蘭酒具有生成鑽石所需的碳、氫、氧原子比例，並且成功將加熱後龍舌蘭酒的蒸氣形成鑽石薄膜。然而目前僅能製造出非常細小的結晶體，人造鑽戒的交貨日仍遙遙無期。

4. 蝙蝠幫忙傳宗接代：只在夜晚開花的龍舌蘭是蝙蝠媒植物，糖分高達百分之二十二的花蜜誘使蝙蝠夜夜克盡職責、互利共生。生態學家羅德里戈·麥德林（Rodrigo Medellin）甚至表示，如果你喜歡Tequila的話，看到蝙蝠時務必向他們好好致意。

5. 原料短缺：藍色龍舌蘭需要耗時八年才能成熟，龍舌蘭心成熟的過程中還會榨乾整株植物的養分；換句話說，等龍舌蘭心變得跟鳳梨一樣香甜、可以採收釀酒的同時，這株植物也鞠躬盡瘁，要砍掉重練了。然而全球對Tequila的需索無度迫使農民必須採收只長了三～四年的作物，未成熟的龍舌蘭莖能夠產出的酒精遠低於成熟的量，為此又必須兩倍三倍的採，產量不足的情況更雪上加霜。真心喜愛Tequila的話還是小口嚐省著點喝吧！

> **小知識**　也許是物以稀為貴更能彰顯尊爵不凡，許多大明星特愛投資 Tequila 作為副業，George Clooney 與好友在二〇一三年創立了龍舌蘭品牌「Casamigos」（西文：房子 casa＋ 朋友 amigo），短短 5 年內就成為美國銷售成長最快的龍舌蘭，並於二〇一七年由世界最大烈酒商帝亞吉歐（Diageo）買下，備受肯定的前景不言可喻。

白蘭地是BBQ版葡萄酒？

白蘭地加個「干邑」怎麼貴那麼多？是加冕了嗎？

荷蘭人將葡萄酒蒸餾後取得酒精濃度與風味都濃縮過的白蘭地，並命名「Gebrande Wijn」（Roasted Wine），語意是「燒烤過的酒」。雖然最廣為人知的白蘭地是由葡萄製成，但廣義來說，所有水果釀造酒蒸餾而成的酒都可以稱為白蘭地，如蘋果白蘭地、杏桃白蘭地。那干邑白蘭地（Cognac）差別又在哪呢？

1. 限制產區：不讓香檳與龍舌蘭酒專美於前，法國在一九〇九年制定法律明定干邑六大區為大香檳區（Grande Champagne）、小香檳區（Petit Champagne）、邊緣林區（Borderies）、優質林區（Fins Bois）、良質林區（Bon Bois）及普通林區（Bois Ordinaire）。

2. 葡萄品種：為求「血統純正」，其成分百分之九十以上必須是白玉霓（Ugni Blanc）、白福爾（Folle Blanche）及歌隆白（Colombard）這三種葡萄。

3. 釀造方式：干邑白蘭地的釀造必須純淨天然，額外添加糖或是使用會榨出過多葡萄籽單寧的螺旋壓榨機都嚴格禁止。

4. 蒸餾：遵循傳統使用銅製夏朗德式（Charentais）蒸餾器二次蒸餾，尺寸細小的蒸餾器能夠產出脂質更加豐富的白蘭地。每年限定的蒸餾時間只有採收季節結束後的三月三十一日。

5. 陳年：白蘭地跟威士忌一樣需要經過橡木桶陳年洗禮，這方面的特殊規定也不會少。首先，只能使用法國利穆贊（Limousin）或特朗賽（Troncais）所產的橡木桶，放在法定酒窖陳年至少兩年，最後獲得BNIC（法國干邑局）的年分證明才得以出口。

6. 商業法則：想成為合法的販售商品，干邑白蘭地還有好幾個關卡需要突破，例如酒精濃度不可低於百分之四十、禁止任何添加物，還要標示AOC（Appellation d' Origine Controlee）以示產區。

小知識　　就算你從來沒有喝過白蘭地，幾乎不太可能沒看過軒尼詩（Hennessy）的廣告。這個創立於一七六五年的品牌在一九八七年由 Louis Vuitton 併購，奢華時尚的結合，連行銷都特別有質感。二〇一九年找來李英宏與馬念先合作的「軒尼詩 V.S.O.P.｜摩登台菜 愈混搭愈浪漫」讓人沉浸在復古又新潮的曲風中，多想加入他們品味那不畏時間洪流，始終走在流行尖端的白蘭地。

白蘭地是藥品？

我不是因為貪杯不願意戒酒，是為了身體好啊！

白蘭地在十九、二十世紀時，竟然是醫生愛用的處方藥。

1. 治療傷寒：被譽為美國兒科學之父的亞伯拉罕‧雅各比（Abraham Jacobi）博士對酒精療效讚譽有加，他所撰寫的兒童疾病相關書籍也記錄了「處方」內容：「三至四歲患有傷寒的孩童一天可餵食100或200公克的白蘭地或威士忌」「沒有比酒精飲料更好的殺菌劑了！」獲得醫生認證療效的白蘭地甚至常常在當時的醫療期刊上刊登廣告。

2. 病人食物：因為生病而食不下嚥該怎麼辦呢？可以喝白蘭地啊！酒精不需要消化，熱量極高好吸收，而且不會在腸道中發酵，連脹氣患者都可以放心飲用。甚至在胰島素問世之前，由於受限制的飲食模式常使得患者熱量攝取不足，白蘭地也因此被拿來當作糖尿病患的健康補給品。

3. 興奮劑：一九〇七年的英國藥典報導：「白蘭地可以增加心臟血液的輸出量，促進血液循環，並稍微提升血壓⋯⋯，當病患暈厥時，一管白蘭地就可以讓他復甦。」

4. 鎮定劑：威廉‧懷特爵士（Sir William Hale-White）於一九二〇年的《英國皇家醫學會議論文》提出：「酒精是一種愉快的鎮定劑⋯⋯，它有效緩解疼痛不適帶來的各種瑣碎煩惱⋯⋯，酒應該是我們能夠為嬰幼兒提供的最佳催眠藥物！」

但是以上這整篇藥理學知識在今日都被推翻了，由於科學所能驗證的事物有限，人類的知識也必須在錯誤中累積才能成長。

小知識 其實早在威士忌享譽國際之前，臺灣就已經自行釀造出高品質的白蘭地─玉山白蘭地。臺灣不負水果王國之美名，即便身處亞熱帶氣候，仍成功培育出適合釀酒的金香葡萄（Golden Muscat）。臺灣菸酒公司出品的玉山白蘭地雖然換過包裝，仍保留經典墨綠配色。

琴酒因瘧疾而流行

說起來琴酒可是大賺了一筆災難財說

　　說到琴酒，多數人直覺上聯想到的可能都是便利商店也買得到的英人琴酒（Beefeater），或是認為它跟伏特加一樣又是個透明無味的基酒。不過琴酒並不是英國人發明的，另外，發明它也不是拿來當飲料喝的。

　　琴酒主要成分是杜松子樹的梅果──杜松子（Juniper Berry），因為具備利尿、解熱等醫療效用而被製作成緩解腎臟病與痛風等疾病的藥水，早期都只限藥房販售。十六世紀的荷蘭病理學家法蘭西斯・西爾維烏斯博士（Dr. Franciscus Sylvius）公認是第一個寫下琴酒配方的人，當時任教於萊登大學（Leiden），對於人體循環系統頗具心得的西爾維烏斯博士為了治療病痛、增進人類福祉而研究出來的處方，後來逐漸轉變為另一種使人類感到幸福的面貌。

　　琴酒在荷蘭的稱呼是「Jenever」，源自於它的原料Juniper。因為讀音正好與瑞士日內瓦（Genever）如出一轍，跑船的英國人發現這個好東西時，一直以為琴酒是瑞士出品，為了方便記憶還擅自將它簡稱為「Gin」，大家也從善如流的這樣稱呼下來了。

　　琴酒魅力能夠席捲英國，主要歸功於戰爭與瘧疾的推波助瀾。來自荷蘭的英王威廉三世（William of Orange）由於跟法國開戰，下令抵制法國進口的葡萄酒與白蘭地，同時鼓勵當地農民只要使用國產穀物釀造烈酒即可享有稅收優惠。此時已引進杜松子的農民當然是跟整個釀造業卯起來賺。英國殖民印度時，瘧疾造成重大傷害，而十七世紀已證實療效的奎寧（Quinine）調製成的通寧水（Tonic Water）成為預防性的重要飲品，但是良藥苦口，大兵深知瘧疾的嚴重性卻怎樣都嚥不下去。此時不知道那個天才發現琴酒可以巧妙掩飾通寧水的苦味，加入糖跟檸檬後更是好喝的令人愛不釋手，從此自然就乖乖吃藥了。

> **小知識**　如果只能選一支琴酒，筆者心中的唯一只有亨利爵士（Hendrick's）。有別於一般基酒給人強烈辛辣口感與刺激酒精味的印象，亨利爵士調合小黃瓜的清新跟玫瑰的芬芳，加上眾多香料迸發的多層次味覺饗宴，保證會讓你發自內心的驚嘆「原來琴酒可以這樣！」

Gin & Tonic是最佳「第一杯酒」

琴酒必須對十八世紀歐洲的低生育率負責

現在要來聊聊琴酒的冷知識。

1. 誰最愛琴酒：荷蘭出生，英國茁壯的琴酒，現在最受哪個國家的青睞呢？答案是葡萄酒產出大國——西班牙。根據「消費者市場展望」（Consumer Market Outlook）二〇一七年提供的數據顯示，西班牙平均每人飲用1.07公升，遙遙領先第二名比利時人的0.73公升。什麼！難道西班牙人不愛喝葡萄酒了嗎？不不，除了葡萄酒產量名列前茅之外，西班牙的葡萄酒銷量也沒有少過，只是喝完葡萄酒之餘，他們喝的琴酒也比別人多。

2. 母親的廢墟（Mother's Ruin）：這稱號代表琴酒曾經參與的黑歷史。比啤酒跟牛奶還便宜的琴酒讓英國陷入空前的全民酗酒危機，父親不工作、母親不照顧小孩、家長賣小孩換酒、懷孕婦女喝過量琴酒導致意外或刻意的流產……。不忍卒睹的市容在畫家威廉·霍嘉斯（William Hogarth）的作品《琴酒巷》（Gin Lane）忠實呈現。為了遏止歪風，政府在一七三六年祭出琴酒法案（The Gin Act）大幅提高琴酒稅收，卻因民眾強烈反彈被迫於一七四二年廢除。所幸一七五一年捲土重來的法案限制領有合法執照商家才准許販售，才日漸遏止私酒與濫用的問題。

3. 先點火再喝：過去還沒有發明太多有效檢測儀器時，據說海軍會將琴酒倒在火藥上觀察燃燒情形，以確保自己拿到的這批酒是高品質、高酒精濃度的好貨。然而不只是琴酒，蘭姆酒也常透過相同的儀式驗名正身。

4. 不知道喝什麼，就點Gin & Tonic：踏入陌生酒吧沒概念點什麼好，就來一杯Gin & Tonic吧！這杯讓英國人成功抗瘧的調酒雖然簡單，想調的比例剛好還是得仰賴調酒師的基本功。再者，Gin & Tonic通常都是調酒裡最便宜的，不幸踩雷時也將損失降到最低。

小知識　死侍萊恩雷諾斯（Ryan Reynolds）投資 House Spirits 蒸餾廠的琴酒「Aviation」，還找了互嗆摯友一金剛狼休 . 傑克曼（Hugh Jackman）跨刀演出廣告。請務必搜尋影片「萊恩雷諾斯與休傑克曼決定停止互嗆，但沒多久就破功（中文字幕）」，兩人友情令人動容！

利口酒（Liqueur）1

「威士忌好難喝喔！」「可是你最愛貝禮詩不是嗎？……」

利口酒（Liqueur）又稱為香甜酒，取自拉丁文「溶解」（Liquefacere）一字，相傳利口酒的前身歷史之悠遠可以追溯至古希臘時期。西方醫藥學之父希波克拉提斯（Hippokrates）將蒸餾水與香料混合後的無酒精飲料被視為香甜酒濫觴。十三世紀拜煉金術所賜，世界各地習得蒸餾技術後，將蒸餾完成的酒再依喜好加入水果、糖漿、香料、色素，讓這些後來才添加的物質溶於蒸餾酒中，香甜酒便誕生了。

簡而言之，先前介紹過的威士忌、葡萄酒、啤酒、伏特加、蘭姆酒、龍舌蘭酒、白蘭地與琴酒的風味幾乎都在蒸餾或入桶後就蓋棺論定了，只有利口酒，在蒸餾酒這個基底準備好之後才正要開始決定它的風貌。利口酒種類何其多，筆者在這裏挑了幾款市占率高、特色獨具、家裡常備的基本款，在本章與下一章跟大家分享：

1. 貝禮詩香甜酒（Baileys）：創始人David Dand某天的靈光乍現，決定要將愛爾蘭最美味的兩項產品——威士忌與乳製品結合成天堂般的舌尖饗宴，整個團隊就這樣陷入長達三年的研發地獄。終於皇天不負苦心員工，成功克服油水分離問題的貝禮詩在一九七四年的都柏林問世。

2. 卡魯哇咖啡香甜酒（Kahlua）：卡魯哇於一九三六年上市後一直都是調酒界寵兒，然而將它的名聲推至鼎盛的肯定是一九九八年的電影《謀殺綠腳趾》（The Big Lebowski），主角傑夫·布里吉（Jeff Bridges）片中喝個不停的「白俄羅斯」做了置入型行銷，誰看完不想來一杯？產於墨西哥的卡魯哇，由甘蔗提煉製成的基酒加上咖啡與香草豆，從收穫咖啡豆開始需要七年的時間才能製成一瓶。

> **小知識**　除了人類以外，你知道什麼動物也喜歡買醉嗎？非洲僅有的瑪魯拉（Marula）果實糖份極高，每逢成熟時自體發酵的水果酒香氣總是吸引大象揪團暴食。當地居民將瑪魯拉果汁發酵蒸餾後融入優質鮮奶油創造了俗稱「大象奶酒」的「愛瑪樂」（Amarula Cream）奶酒，天然果實創造的獨特風味有著類似焦糖布丁的餘味。

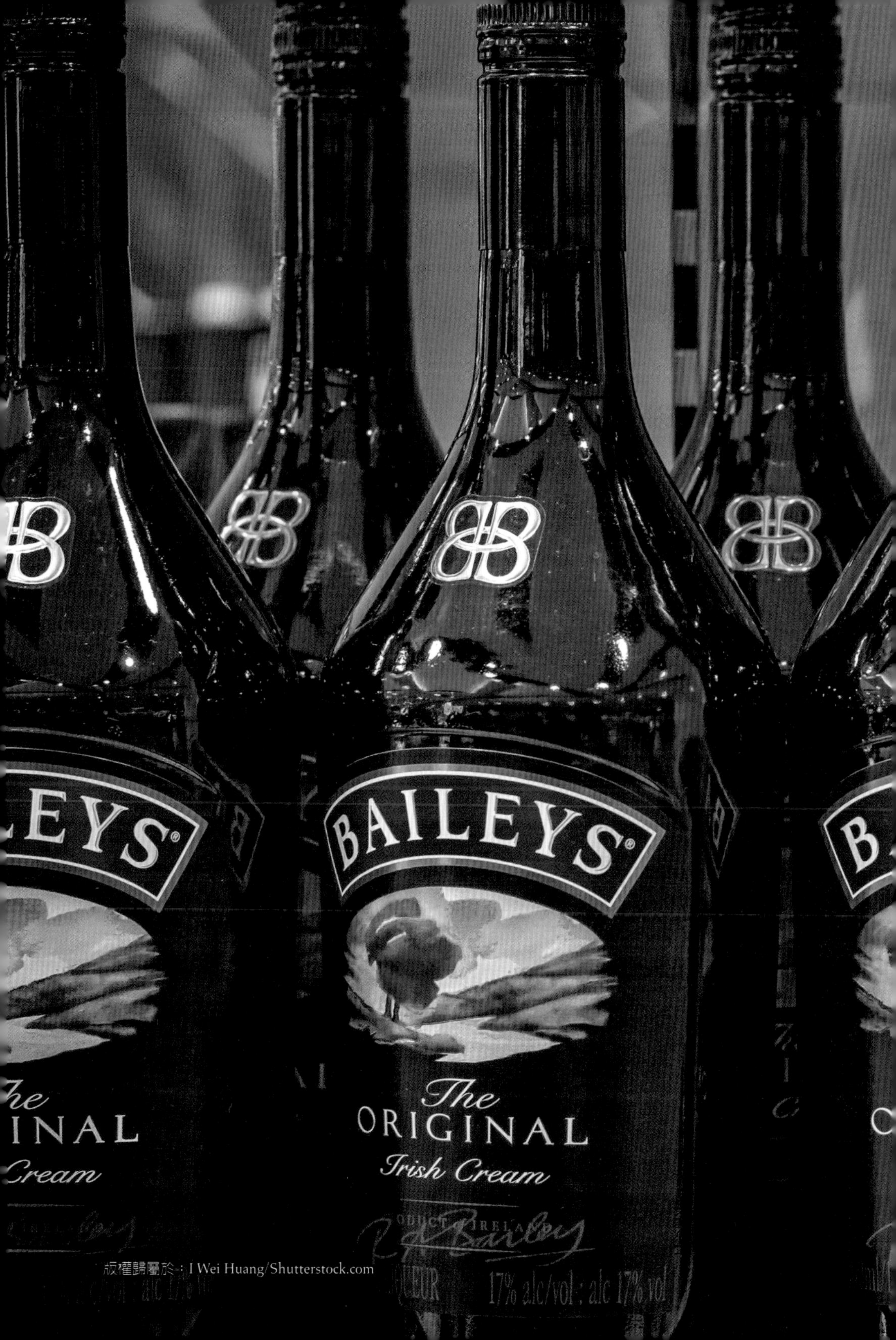
BAILEYS®
The ORIGINAL
Irish Cream
17% alc/vol : alc 17% vol

利口酒（Liqueur）2
想要一杯醉又討厭不甜的烈酒怎麼辦？這幾款隨你挑

1. 君度橙酒（Cointreau）：一八四九年時，Edouard–Jean與Adolphe 這對Cointreau兄弟打開了法國昂熱（Angers）聖勞德街（Saint-Laud）釀酒廠的大門，為這支經典利口酒的故事揭開序幕。一八七五年時，看著父親與叔叔背影長大的第二代經營者Edouard Cointreau繼承衣缽，利用嶄新蒸餾技術釀造出香氣更加濃烈的透明酒液，並完美調配苦橙與甜橙的比例創造了君度橙酒，這無懈可擊的配方自此從未做過任何調整變更。

2. 帝薩諾杏仁香甜酒（Disaronno）：討厭杏仁的讀者先別急著皺眉，義大利血統的帝薩諾調和杏仁油、焦糖與眾多精緻而成的苦甜風味，就像一杯濃郁卻不膩口的液態果仁蛋糕。這瓶酒背後還有個可愛的「Luini傳說」與它一起自一五二五年流傳至今。位於義大利薩龍諾（Saronno）的一間教堂委託達文西的學生伯納迪諾·盧伊尼（Bernardino Luini）為他們繪製壁畫，而盧伊尼為了揣摩聖母形象找了一位寡婦擔任模特兒。盧伊尼在朝夕相處之下愛上了他的謬思，而寡婦為了回應對他的愛意發明了這款調酒做為兩人的定情之物。

3. 蜜多麗蜜瓜香甜酒（Midori）：也許你從來沒喝過蜜多麗，也不喜歡太甜的調酒，但是這明亮的翠綠身影肯定吸引過你的目光。在歐洲美洲利口酒幾乎壟斷市場的激烈競爭中，蜜多麗是唯一殺出重圍的亞洲之光。問世（一九七八）至今不過四十年的光景，自從在紐約市的知名夜店 Studio 54的發表會上一炮而紅之後，就不曾在調酒師的酒櫃裡缺席。 midori在日文讀音中意為「綠色」，原料取自夕張哈密瓜與麝香甜瓜。

> **小知識** 臺灣烈酒的實力大家都很清楚了，利口酒當然也不是塑膠的啊！臺灣品牌龐尼維爾（Bunnyville）以冷泉伏特加系列發跡，從二〇一五年開始就在國際烈酒大賽捷報頻傳。二〇一八年更以臺灣特產玉荷包荔枝風味利口酒拿下 SFWSC 世界烈酒大賽金牌獎。而且更令人開心的是，龐尼維爾今年拓展各大通路，某些大型美妝店也有上架。

不香甜的香甜酒－
野格JÄGERMEISTER

說好的香甜酒呢？……這是十全大補帖藥酒吧！

Jäger是德文「獵人」之意，電影環太平洋（Pacific Rim）中的機甲獵人用的就是這個字，meister意為大師。這瓶狩獵大師的發明者Curt Mast在繼承父親Wilhelm Mast的製醋工廠與葡萄酒貿易事業後，便積極投入父親心心念念的真正職志——生產利口酒。Curt Mast在一九三四年成功研發他理想中的草藥口味利口酒，其中包含甘草、茴香、生薑、人參等五十六種草藥，撲鼻而來的草本芬芳彷彿打開了一間行動中藥行。

也許是草本健康形象使然，野格自二〇至七〇年代都與多項運動賽事維持長期的贊助關係。從一級方程式賽車、德國甲級足球聯賽至歐洲桌球比賽都看得到它的贊助廣告。當時還在德甲的Eintracht Braunschweig（布倫斯維克）與野格的合作創下第一支在球衣貼上贊助商的球隊先例，野格原本進一步希望球隊將名稱改為Eintracht Jägermeister，雖然球隊基於種種考量拒絕這個提案，仍然無損彼此的合作關係。

野格瓶身上的鹿可不是泛泛之輩，據說獵人聖·胡貝圖斯（St. Hubertus）某日狩獵時遇見聖鹿，頭上浮現十字架的聖鹿勸他停止以殺戮為樂，放下屠刀聆聽主的呼喚才是他應該遵循的道路。受到神蹟感召的胡貝圖斯從此致力禱告宣教，這位基督教聖徒後來被視為獵人的守護者。標誌上的鹿角圖示亦流傳著酒的成分含有鹿血的都市傳說，但並沒有任何佐證可考。野格另外一個驚人的特色是他的瓶子非常耐摔，為了確保自己的心血結晶受到完善的保護，Curt Mast曾經自高處摔過無數個玻璃瓶，今日得以上市的就是當時倖存下來的材質。

> **小知識** 說到藥草酒自然也免不了提到據稱超過六十種中草藥配方的金巴利香甜酒（Campari），這瓶一八六〇年沿用至今的配方因為一紙極為單純而經典的酒譜深受美國人喜愛，而後甚至直接命名為美國佬（Americano），美國禁酒時期，為了順利進口金巴利，曾經還將其規為藥品呢！

苦艾酒是迷幻藥？

不管梵谷嗑了什麼都給我來一杯，我也可以成為藝術家嗎？

　　藝術家的名字似乎特別容易與苦艾酒（Absinthe）產生連結，不僅令人對於它的別名「綠仙子」（La Fee Verte）產生各種綺麗幻想，深信這位瓶中精靈確實帶領他們踏入未知的國度，才得以創作驚世巨作。很遺憾的是，凡是與這位仙女過從甚密的人也總是深受其害，罄竹難書的苦艾酒甚至一度被禁。

　　苦艾酒的神祕與危險氣質早已是許多人的眼中釘，一九〇五年，瑞士一位農夫槍殺懷有身孕的妻子與兩位年僅四歲跟兩歲的女兒，自殺未遂的他供稱行兇前喝了兩杯苦艾酒，並且痛哭失聲的說道：「這不是我！」苦艾酒會讓人產生幻覺、行為失常的傳聞甚囂塵上，苦艾酒自此在許多歐洲國家都禁止販售，直到一九九〇年後才陸續解禁。農夫確實喝了兩杯苦艾酒，但是在這之前，他其實先乾了一杯白蘭地、一杯薄荷酒及六杯葡萄酒。

　　梵谷輕生的真相至今依然爭論不休，其中一支矛頭指向的正是苦艾酒。堪薩斯大學醫學中心的威爾佛雷德・尼爾斯・阿諾德（Wilfred Niels Arnold）於二〇〇四年提出的論文指出，梵谷飲用苦艾酒的習慣與病情惡化習習相關，同時引用一九八四年關於側柏酮（thujone）的研究報告。阿諾德認為苦艾酒中的致幻成分解釋了梵谷拿松節油跟油彩當零食吃的異食癖。

　　苦艾酒有另一個惡名昭彰的小名「大麻酒」，這也許肇因於一九七五年的一份英國科學期刊研究顯示苦艾酒中的側柏酮與大麻中的四氫大麻酚（THC）具有相似的結構。然而進一步的研究發現側柏酮並不會刺激大腦產生相同反應。那為什麼有人喝了會出事呢？酒精濃度高達百分之六十五至八十四的飲料拿來豪飲亂喝，怎麼想都不太妙吧！

小知識　　人類為了迷幻體驗願意嘗試的偏方可能超乎你的想像。相傳在斯洛維尼亞有一款蠑螈泡白蘭地，喝了之後不僅看誰都像志玲，還會有衝動跟摩天輪結婚……。其他各種添加藥物的酒就不提了。

巫女口嚼酒

「《你的名字》好看嗎?」「嗯……有點不衛生啊!」「咦?」

二〇一六年上映的《你的名字》(君の名は)刷新日本動畫電影票房紀錄,導演新海誠更被譽為宮崎駿接班人,除了主題曲很好聽之外,個人印象最深刻的就是女主角三葉的巫女口嚼酒(くちかみざけ)了。

口嚼法的靈感來自於母親會先咀嚼米飯之後再餵食嬰兒的溫馨舉動,倒不是過去沒有食物調理機而迫使媽媽們要以人工方式搗碎食物,主因是唾液中所含的澱粉酶能將澱粉轉換成分子小的麥芽糖,讓寶寶更好消化。日本古代文獻《大隅國風土記》中記載,村民將生米跟水嚼了又嚼、嚼了再嚼的混合物吐出來後裝入容器放置一晚,搭配空氣中存在的野生酵母就會變成酸酸甜甜的「醴」。根據古法,不光只有米可以做為原料,凡是含有澱粉的馬鈴薯、番薯等根莖作物都可以如法炮製。

這種親密的釀酒法並非日本獨有,祕魯以玉米發酵製成的吉開酒(Chicha);及臺灣原住民都有口嚼酒的歷史。電影《賽德克巴萊》中,有幕賽德克族在婚宴上邀請日本人享用美酒卻遭到粗野拒絕的劇情,除了雙方的敵對關係之外,日本人熟知釀造方式大概才是不想喝的主因。

「那如果我也想跟三葉玩穿越,害羞的口嚼酒是買的到的嗎?」首先,就像三葉斥責妹妹所言,釀造販售酒精濃度高於百分之一的私釀酒是違法的(口嚼酒大約百分之五),再者,衛生問題勢必也無法過關(而且誰能確保製造者是可愛巫女呢?)。不過這麼大的商機怎麼可能白白放過?電影中虛構「糸守町」取景的飛驒市將當地名產「蓬萊酒」搭配完整複製電影白瓷瓶身的酒瓶設計成商品「聖地之酒」,原定三千瓶的限量品在首日就熱銷一千兩百瓶。

小知識　說到電影帶動酒品銷量,二〇〇八年魏德聖導演作品《海角七號》掀起國片票房旋風,片中「千年傳統,全新感受」的「馬拉桑」小米酒讓信義鄉農會,半年內狂銷二十萬瓶,隨之帶動的其他產品及觀光效益更是可觀。

清酒是米酒，米酒不是清酒

不都是米做的，為什麼說燒酒是清酒會被糾正？

每次說到日本的酒，筆者總是忍不住想起末代武士（The Last Samurai）的湯姆克魯斯，一句日文都不會說的主角，在甦醒後第一句試著溝通的話竟然是：「Sake（さけ）」。由米製成的清酒（せいしゅ）乍聽之下跟我們料理的米酒似乎有八十七分像，其實是完全不同的東西。

釀造：清酒是釀造酒，將米、米麴與水發酵過濾後，得到的白色混濁酒液體就是早期的釀造米酒，跟小米酒非常類似。後來由於分離雜質的技術更加精進，過程更加繁瑣，才有今日如水般清澈的透明清酒。由於未經蒸餾，清酒的酒精濃度通常不會超過百分之十五。

蒸餾過的臺灣米酒動輒百分之十九起跳，米酒頭更高達百分之三十五。蒸餾與否是清酒與臺灣米酒最大的差異，以這點來看，臺灣米酒其實更像燒酒（酎しょうちゅう）或琉球泡盛（泡盛あわもり）。

原料：雖然原料就是米這麼單純，但適合釀酒的米所含蛋白質與脂肪都比食用米低，比重約百分之八十的澱粉通常分布在中心，為了清除外圈百分之十的蛋白質跟脂肪，米粒都需要先經過「精米步合」的洗禮，磨掉的外層愈多，自然能取得愈純粹的米中精華。米的品質與風味決定了清酒的成敗。

臺灣米酒的成分並不只是米，甚至應該說，「主要成分不是」米。以紅標米酒為例，他是由蓬萊米跟砂糖的副產物——糖蜜混合後蒸餾而來的，所以就成分與製程而言，臺灣米酒跟蘭姆酒的屬性比清酒近多了。

小知識 別因為超商就買的到雞精式包裝的月桂冠而誤以為他是廉價品，遙想當年拿勺子舀酒的年代，是月桂冠開創了衛生的瓶裝販售先河，今日才能這麼方便的帶「歐米呀給」當紀念。在鳥羽伏見戰火中倖免於難的酒窖見證了月桂冠如同其名登上頂點的過往，有機會不妨一訪「月桂冠大倉紀念館」品嘗限定版「笠置屋大吟釀」吧！

造株	秌加 越 ●	（合）手塚酒造場	橋本酒造㈱
きげん 特別純米 勺の加賀の庄	加賀ノ月 金ノ月	おいしい地酒 純米	純米 加賀の峰
hbkigen jyönkei ... knhinokagamonoshonjho	kuganotuki kinnotuki	oishiijizake junmai	junmai kaganoyume
20ml 1,430 円	720ml 1,000 円	720ml 1,250 円	720ml 1,200 円
税込価格 1,544 円	（税込価格 1,080 円）	（税込価格 1,350 円）	（税込価格 1,296 円）

什麼是大吟釀

好多清酒瓶子上都寫大吟釀，這是間很大的公司嗎？

下定決心買一瓶清酒回家認識，選酒時卻被瓶身的吟釀、大吟釀、純米吟釀、純米大吟釀等不明所以的字樣嚇跑了嗎？其實沒有那麼複雜的。

純米（じゅんまい）／本釀造（本釀造ほんじょうぞう）：

所謂「純米」意指沒有額外添加釀造酒精的清酒，瓶中每一滴酒精成分都是原料發酵而來。「本釀造」則加入了少量（低於白米重量百分之十）的釀造酒精。什麼是釀造酒精呢？將製造砂糖的副產物——糖蜜發酵製成酒，然後反覆蒸餾除去雜質，最終能夠提煉出濃度百分之九十六的酒精。覺得這步驟似曾相識的人快調一杯自由古巴犒賞自己，因為這基本上就是蘭姆酒的製程。

那為什麼要加釀造酒精呢？首先，添加的時間很關鍵，必須在發酵階段就加入，釀造完成才加就沒有用了。由於酒粕中的香氣成分比起水更容易溶於酒精，在原始材料完全轉換為酒精成分之前，先加入一點釀造酒精有助於鎖住香氣。除此之外，當釀造師覺得這批米有夠純，酒體太厚重時，也能藉由釀造酒精的稀釋使口感變得清爽。

吟釀（吟釀ぎんじょう）／大吟釀（大吟釀だいぎんじょう）：

要解釋吟釀，就得把「精米步合」再請出來。煮一杯糙米跟精米就可以很明確的感受到，磨掉一層外皮能夠提升好幾倍的香氣跟甜味，那磨到只剩米芯會多驚人？吟釀的條件是精米步合百分之六十以下，也就是拋光後的米只剩原本六成的重量；「大」吟釀可以想見就是磨得更多，精米步合至百分之五十以下。

要稱為「吟釀」，除了精米程度還必須符合「吟釀釀造法」。其實說穿了就是低溫發酵，細菌活性變低後需要更長的發酵時間，據說這樣費時的釀造方式能夠創造近乎果香的絕頂風味。

小知識
能夠在眾多清酒之中脫穎而出、成為日本首相安倍送禮首選的「獺祭」到底在大聲什麼？首先，精米步合極端到二割三分，也就是磨到剩下 23% 的酒米。接著，挑戰重視傳統的日本職人精神，不雇用專業釀酒師「杜氏」與「藏人」，而是找一般社員，全程仰賴數據化管理，挑戰經驗與直覺，才誕生出「獺祭」。

怎麼挑選清酒

每次憑感覺買酒都想退貨,賣場不能放個選購指南嗎?

濃郁or清爽:首先問問自己,喜歡米香撲鼻、濃郁厚實的酒款,還是清新淡雅、纖細爽口的類型?舉例來說,今天想走水果風味水路線的話,本釀造大吟釀可能就是首選。如果鍾情性格濃烈的酒款,威士忌只喝單一純麥的話,純米也許很適合你。而喜歡小米酒的人,只經粗過濾的濁酒甜度較高,可以滿足嗜甜者。有些酒標上會標示「酸度」,這可不是暗示酒帶有酸味或酸鹼值數字,而是濃度的參考值;以1.3為中間值,數字愈大口感就會愈濃郁。

辛or甜:酒標上另外一個「日本酒度」可不是酒精濃度,這個前面有著正負值符號的數字是「甘口」與「辛口」數值。「＋」表示辛口,「－」代表甘口。甘口想必就是甜滋滋很容易理解,辛口就很容易被誤會了。不敢吃辣的人千萬不要看到「辛」就從此拒絕往來,美好姻緣可能就這樣擋在門外了,這個「辛」代表入口的滑順爽口度,相對於「甘」的甜膩,在座標反方向的口感。

賞味期限:最後一點非常重要,可能是最重要的。要喝清酒請趁新鮮,絕對沒有愈陳愈香這回事。妥善保存的狀況下,期限大約在一年以內,如果超過保存期限或酒體變黃通常就是變質了。溫馨提醒,根據臺灣的均溫而言,妥善的保存方式就是買回來直接住進冰箱,趁早喝完。

小知識 很多時候,商品本身的特殊意義比爬文評比半天的CP值更容易讓人心動手滑,所以邪惡的聯名款總是層出不窮啊!日本福井縣黑龍酒造株式會社繼二〇一九年與Final Fantasy畫師天野老師合作之後,二〇二〇年將魔掌伸向神作JOJO系列作者─荒木飛呂彥老師。「黑龍 純米大吟釀 X 荒木飛呂彥」的外盒與酒標都是由荒木老師設計繪製!

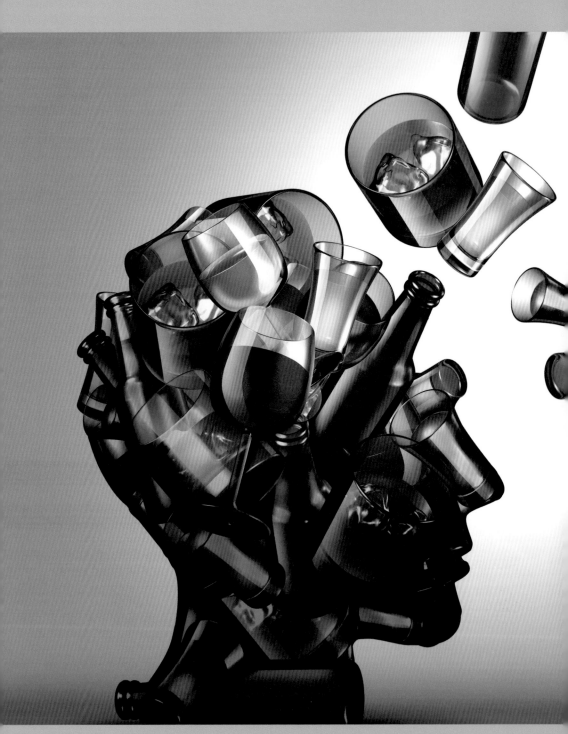

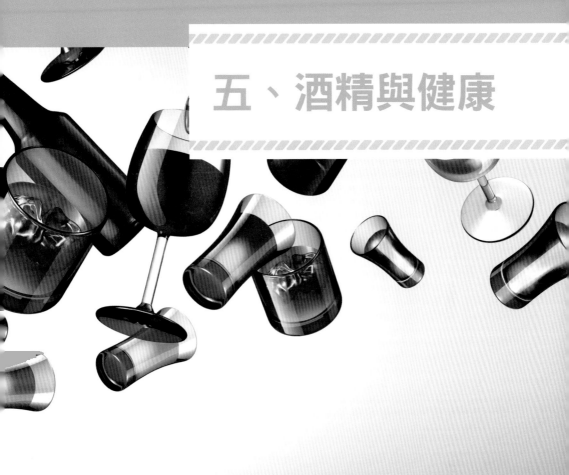

五、酒精與健康

身體如何代謝酒精

「先生你一大早就酒駕啊？」「啥？我是昨晚喝的耶！」

　　儘管「酒後不開車」「酒駕王八蛋」已經是耳熟能詳到耳朵長繭的呼籲，三不五時還是會出現心存僥倖的人闖禍的新聞。「可是我有等酒退了啊！」「可是我覺得自己很清醒啊！」可是你知道酒精影響身體的時間超乎你的想像嗎？

　　在討論一天可以喝多少酒、喝完酒需要多少的時間才能回到純潔之身之前，我們必須先認識「酒精單位」。根據世界衛生組織定義的標準，每一個酒精單位含有10克酒精，這相當於酒精濃度5%的啤酒250毫升，或是12%的葡萄酒100毫升，又或是40%的烈酒30毫升。在你喝完第一滴酒的90秒後，酒精就已經開始對身體由上至下從裡到外產生各種影響，而所喝下的每「一個」單位都需要一個小時的時間代謝。光是喝完一罐500毫升的法國克倫堡1664啤酒就需要休息整整兩個小時，party狂歡之後睡滿八小時都可能還是無法通過酒測。

　　酒精進入體內之後，胃只吸收少部分的比例，絕大多數的乙醇都會被引導至肝門靜脈，由肝臟處理主要業務。肝臟中的ALDH乙醇脫氫酶（Alcohol dehydrogenase）會將乙醇氧化分解成乙醛（acetaldehyde），接著乙醛去氫酶（ALDH2, Deficiency）會將乙醛專成乙酸（又稱醋酸），然後變成二氧化碳跟水代謝掉。好的，重點來了，如果喝的量多到肝臟無法負荷這筆代謝量，或是體內缺乏足夠的乙醛去氫酶會發生什麼狀況？積聚在體內續攤的乙醛會導致頭痛、心悸、抱馬桶，還有不斷向自己承諾再也不會喝這麼多的懊悔。

　　有一則都市傳說認為喝酒會臉紅的人表示肝功能好，事實恰恰相反，臉紅是因為體內的乙醛去氫酶不足，乙醛無法正常代謝而在血液中造山導致血管擴張。下次看到臉漲紅的同事就不要再追酒，給他一杯水吧！

小知識

酒精讓人遲鈍，但配上不同食材竟然能促進新陳代謝？據說沖繩辣椒的辣椒素是一般辣椒的三倍，沖繩的太太們喜歡將它浸入當地知名的泡盛，每次煮菜時酌量加入調味，據說有養顏美容的功效喔……

$$O=C-H$$
$$|$$
$$CH_3$$

乙醛化學式

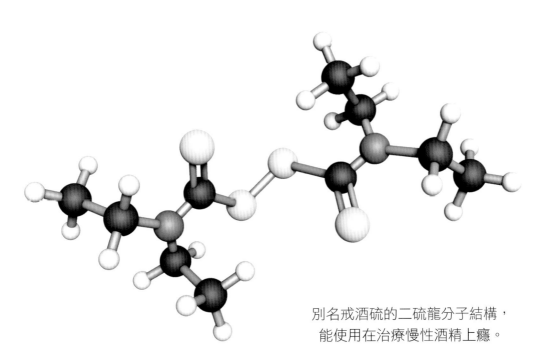

別名戒酒硫的二硫龍分子結構，
能使用在治療慢性酒精上癮。

女生比較容易醉？

「我只要別喝的比男生多就安全吧？」「妳已經醉了」

一天喝多少酒才不算過量呢？英國首席醫療官CMO（Chief Medical Officer）的「低風險飲酒指南」建議每週酒精單位（Units）攝取量上限為男性21單位，女性14單位。衛生福利部國民健康署國民飲食指標原則很貼心的幫大家轉換成比較直覺的毫升數，並以「每日」為基準：女性每日不超過一杯（葡萄酒120～150毫升＝啤酒330毫升＝威士忌30～40毫升），男性則不超過兩杯。

在座各位女性一定注意到了，「我們可以喝的量也太少了吧！」「說好的兩性平權呢！」各位請息怒，這個參考數值其實並非百分之百精準，他是依據多數男女身體質量計算出來的一個概略值，如果妳的生理條件（體重與體脂肪）跟UFC首位女子冠軍龍達・魯西（Ronda Rousey）一樣，妳可以多喝一點沒有問題的。

體重較輕的人，體內所含總液體含量自然也會比較少，能夠稀釋酒精的能力當然就比較低。想像將一杯啤酒倒進一個45公升的水缸，對照另一個80公升的水缸，可以想見小水缸的酒精濃度比較高。體脂肪比例較高也是女性代謝酒精的劣勢，由於脂肪沒有辦法吸收酒精，乙醇們藉機滯留在血液中保持濃度也會使女性比較容易喝醉。還有賀爾蒙這個情緒化的東西，月經週期體內激素的變化也會影響女性身體代謝跟清除酒精的效率。生理期之前的各種不順都會完整體現在酒精反應上面，換句話說就是生理期也會導致女生們更容易喝醉。

小知識　針對女生不宜攝取過多酒精，又喜歡香甜水果味，更喜歡時不時有新口味嚐鮮，如果有季節限定驚喜感更好，筆者不得不再一次佩服Suntory市場定位之精準。酒精濃度約3%，口味多的ほろよい（horoyoi）完全是女孩兒聚會分享首選。

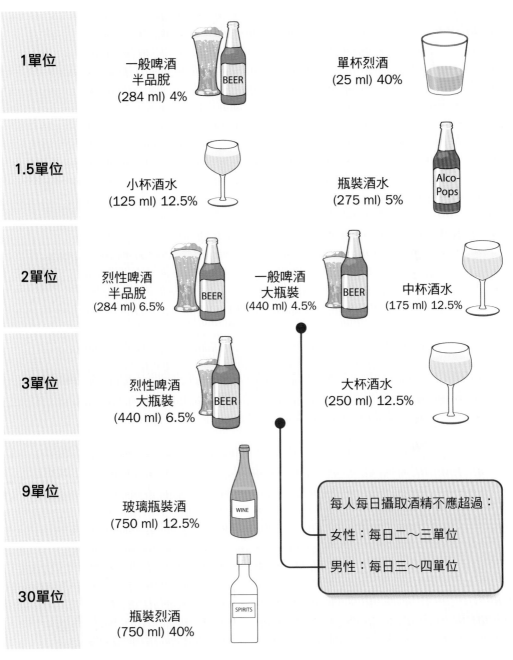

酒量可以訓練嗎？

「應酬不會喝怎麼混的下去？」「多喝一點就練起來了啦！」

臺灣強投郭泰源有句名言：「手痛一半是心理作用，你想贏就會繼續投；不想贏就會說手痛，多投幾球就不會痛了！」那多喝幾杯以後就不會醉了嗎？

酒精代謝率：

各位還記得乙醛去氫酶嗎？就是幫大家代謝乙醛、減少痛苦的那一位，基本上我們的酒量就是由它定奪。只要體內缺乏乙醛去氫酶，沾一滴酒立馬臉紅的人，無論再怎麼喝都不會成為千杯不醉的酒國豪傑。

「你這是看不起我們臉會紅的人嗎？」不不不，臉紅的你誤會了，我不是針對你，我是說在座的各位，都不能喝！史丹佛大學醫學院研究指出，亞洲人缺乏乙醛去氫酶的比例遠高於歐美人士；日本約百分之三十的人口先天基因缺乏乙醛去氫酶，感覺很愛喝也很會喝的韓國也高達百分之二十，然而高達百分之四十七，位居全球首位的臺灣讓其他國家都難以望其項背啊！「可是原住民就很能喝啊？」沒錯，因為這是漢人的基因缺陷，遇到豐年祭時千萬別入境隨俗跟著他們乾杯，你會後悔的。

酒精耐受性：

「可是我覺得自己真的變得比較能喝啊！」嗯……這是有可能的，不過這就比較麻煩了……。除了乙醛去氫酶，肝臟內有另一個稱為微粒體乙醇氧化系統（MEOS，Microsomal Ethanol Oxidizing System）的酵素可以協助代謝身體無法負荷的酒精，這個原本應該屬於支援性質的角色不斷被找來當成正職員工，還要求不合理的加班。誤以為自己酒量變好的真相其實是燃燒肝臟照亮酒量。

小知識 關於酒量這回事，看過「青島國際啤酒節酒王大賽」冠軍的「英姿」，恐怕沒人敢輕易挑戰。比賽一共三關卡，第一輪 500 毫升啤酒，第二輪 1500 毫升，最後一輪決賽則是計時 60 秒看參賽者能喝多少，多年衛冕者仁光超的最佳成績是二〇一二年的 3448 毫升。

酒精造成的肝病變

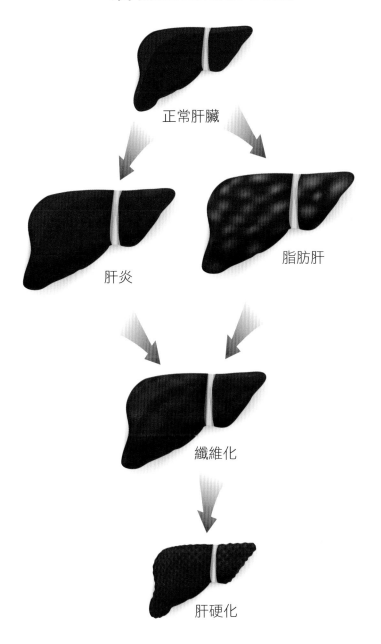

正常肝臟

肝炎

脂肪肝

纖維化

肝硬化

定義酒精成癮

法國人好像每天用餐都喝酒，這樣算成癮嗎？

酒精是生活中的潤滑劑，朋友聚餐、尾牙春酒與節日慶典都少不了它的身影，與食材間相得益彰的搭配更能將餐點的質感水準瞬間提升。然而小酌怡情與酗酒成癮之間的這條界線在哪裡？

所謂的成癮是生理上的問題，不單是「想喝」這麼簡單的情緒。藥物成癮之所以可怕，就是因為再強大的意志力都無法戰勝體內被藥物侵蝕、唯有藥物才能填滿的空虛深淵，酒精也是一樣的道理。生理機制早已失衡的成癮者所顯示的種種特徵其實不難判讀：

1. 耐受性增加：當肝臟將MEOS超時工作視為理所當然的一件事，平常已經可以使人感到飄飄然的劑量就會變得無感，必須喝更多的酒精，爆更多的肝。

2. 戒斷症狀：停止喝酒後產生的生理不適。疲倦、噁心想吐、心跳速度過劇、盜汗、焦慮、雙手顫抖。

3. 無法控制飲用量與時間：明早要見重要的客戶、十分鐘後要開會，正常理智判斷卻無法阻止你喝下那半瓶威士忌，這問題的嚴重性，想必已經很明顯了。

4. 生活花費以酒為重，一天的行程只剩下買酒、喝酒、宿醉與醒酒。

5. 深知喝酒已經造成人際關係的裂痕卻無法放棄。

即便沒有出現上述症狀，如果對於自己飲酒的狀態仍有疑慮，衛服部《自填式華人飲酒問題篩檢問卷》（C-CAGE Questionnaire）有四個簡單的問題供自我評估，只要有任何一題是「yes」都可能有成癮問題，建議求助戒酒門診。

1. 你曾經覺得必須要減少喝酒的量嗎？

2. 你會因為別人批評你喝酒而感到生氣嗎？

3. 你會因為喝酒而感到罪惡嗎？

4. 你會一大早醒來就需要喝酒嗎？

版權歸屬於：Dmytro Zinkevych/Shutterstock.com

小知識　　　凱吉（Nicolas Cage）兄拿下影帝的作品「遠離賭城」（Leaving Las Vagas）可以說是忠實呈現了上述所有酒精成癮症狀。既然是刻劃酒鬼的電影，片中自然少不了各家酒瓶特寫，然而最讓筆者印象深刻的不是戲份多到讓人懷疑有贊助的傑克丹尼（Jack Daniel's）跟金快活龍舌蘭（Jose Cuervo），而是主角決心自殺而燒光自己東西時喝的琴酒（Gilbey's Gin）。

酒精相關疾病

酒喝的多，吃點顧肝補肝的補品跟藥就妥當了？

飲酒過量傷害的可不是只有肝臟而已。經世界衛生組織（WHO）研究證實，酒精問題與高達六十種疾病具有因果關係。

1. 肝臟：長期過度操勞代謝酒精會引起急性肝炎，而忙著分解酒精的肝臟無法處理脂肪酸，長期下來就長成脂肪肝。肝臟反覆發炎時沒有妥善治療，細胞再生不完全導致壞死細胞纖維化，肝硬化就是這樣來的。

2. 消化系統：酒精可以放鬆食道下方的賁門括約肌，所以喝多會胃食道逆流。高濃度酒精的長時間刺激也可能造成食道黏膜細胞病變。另外，酒精是個效能很好的溶劑，好到胃黏膜也能溶掉，失去保護屏障的胃壁又因為酒精的刺激分泌更多胃酸，反覆作用下來就會造成胃潰瘍。

3. 神經系統：大腦中的「突觸」，神經元間有任何需要交換的訊息都必需透過它的傳導，而酒精的麻醉作用會對中樞神經造成損害，阻斷原本應當順暢流通的溝通傳導，抑制認知的能力。持續過量飲酒會導致大腦結構性改變，造成腦部老化、注意力渙散、智力損傷。

4. 心血管系統：酒精不讓肝臟好好處理脂肪除了會生出脂肪肝，也會導致血液清除脂質的能力下降、催生動脈硬化。而酒精加劇心跳速度，增加耗氧量，患有冠狀動脈硬化的人可能導致心律不整、甚至心肌梗塞，嚴重時可能猝死。

5. 癌症：英國癌症研究協會（Cancer Research UK）贊助科學雜誌《自然》（Nature）關於酒精與癌症的研究，將稀釋酒精注入老鼠體內觀察乙醛對基因造成的損害，發現乙醛會破壞造血幹細胞的DNA，永久改變肝細胞的排列順序，有機會引發癌症。

小知識　「養命酒」據稱有強身健體的功效，體質虛弱、容易疲勞、手腳冰冷等都能有效改善……咦？所以喝酒確實有益身體健康？這裡其實有個誤區—養命酒是乙類成藥，有效成分的重點是地黃、人蔘、淫羊藿等數十種藥材，酒精只是輔助。商品也有清楚的警語，多喝有害健康。

酒精中毒的症狀和影響

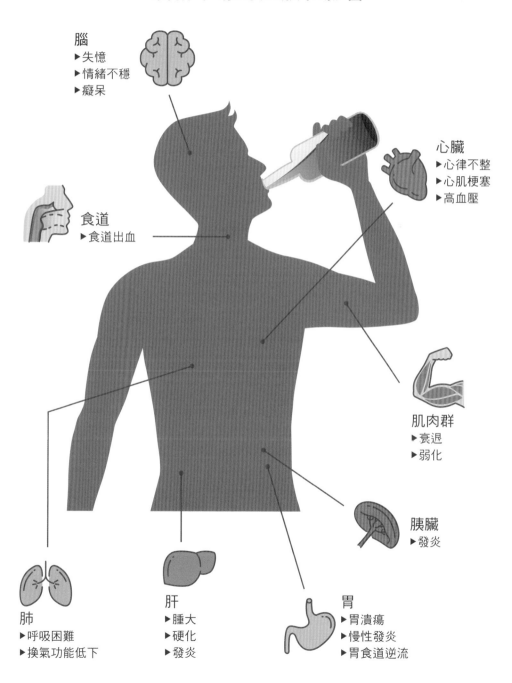

腦
▶失憶
▶情緒不穩
▶癡呆

心臟
▶心律不整
▶心肌梗塞
▶高血壓

食道
▶食道出血

肌肉群
▶衰退
▶弱化

胰臟
▶發炎

肺
▶呼吸困難
▶換氣功能低下

肝
▶腫大
▶硬化
▶發炎

胃
▶胃潰瘍
▶慢性發炎
▶胃食道逆流

074

喝酒助眠？

「我失眠好嚴重，不喝一杯睡不著啊！」「難怪你睡不好！」

酒精飄飄然的微醺感似乎真的有幫助睡眠的感覺，然而在入睡的後半段卻會破壞你的睡眠品質，長期下來不僅沒有解決失眠問題，反而終日昏昏沉沉、嚴重將導致休息不足、免疫力下降。

睡眠的過程充滿階段性，正常而完整的睡眠過程才能帶來明日的飽滿精神。睡眠的五個階段包括第一、第二期的淺眠期，接著是第三、第四期的深睡期，然後又走回淺眠期，接著來到快速動眼期（REM，Rapid Eye Movement），也就是我們熟知的夢境。重複這個「一→二→三→四→三→二→一→REM」的週期四～五次，隨著快速動眼期在每個週期的時間變長，每個淺眠的階段也會變得更加淺眠，最後就會自然的醒來。

酒精之所以帶給人「幫助入睡」的錯覺，是因為它的鎮定劑效果會減少第一跟第二個循環週期中的快速動眼期，營造出一種貌似睡的特別深、特別熟的良好品質，不過反彈回來就不是這樣了。酒精強迫身體快速入睡，一旦代謝完畢就會瞬間掉進淺眠狀態，甚至中斷睡眠。前一晚跟朋友出去狂歡，周末想睡到自然醒卻一早就清醒、再也睡不著了，有這樣經驗的朋友就是被酒精破壞了睡眠。

有些人因為耐受性提高、加上反彈的驚醒而選擇喝下更高的量，久而久之即可能引發成癮問題。此外，受呼吸中止症所苦的人更強烈建議避免睡前飲酒。呼吸中止症常見成因是呼吸道軟組織壓迫造成呼吸不順暢，喝酒讓肌肉放鬆（包括喉部肌肉）便導致更嚴重的呼吸中止。倫敦睡眠中心醫療主任亞伯拉罕（Irshaad Ebrahim）分析指出「酒精會抑制呼吸，甚至誘發睡眠呼吸中止症，喝得愈多，症狀愈嚴重」。

小知識　　二○二○年因為一名英國男子宣稱自己靠「Hot Toddy」治癒了新冠肺炎，讓這款調酒登上熱搜榜。其實 Hot Toddy 是蘇格蘭當地行之有年的感冒偏方，據說可以祛寒暖身幫助睡眠。專業人士紛紛出面闢謠，生病請好好休息、尋求專業協助，這杯威士忌、蜂蜜、檸檬組成的熱飲適量偶一為之就好囉。

版權歸屬於：Dmitry Melnikov/Shutterstock.com

混酒特別容易醉？

「你喝五杯威士忌了，該停了吧！」「沒混酒不用怕啦！」「……」

　　聚會時喝了紅酒之後又開了啤酒倒了威士忌，這時候一定會有人來警告你「混酒會容易醉喔！」這是真的嗎？關於喝醉這件事情，有一個基本認知必須先澄清，喝醉的最大主因不是很了太多種酒，而是喝「太多酒」。以八十公斤的成年男子為例，一頓飯中喝了一罐啤酒加上一杯葡萄酒就已經達標一日適飲量，何況是「數杯」不同的酒呢？

　　然而在等量的狀況下，如果酒中含有二氧化碳，確實會讓你醉得比較快。《國際法醫學》（The Journal Forensic Science International）雜誌於二〇〇七年發表的論文中提出實驗結論：在烈酒中加入氣泡水會使人醉得更快。在此之前，英國薩里大學（University of Surrey）做過一項實驗探討氣泡對酒精吸收的影響。受測A組飲用香檳，B組飲用去除氣泡的香檳，5分鐘後，A組血液中的酒精含量立刻提升至0.54毫克／毫升，B組則只有0.39毫克／毫升。而且A組在飲用香檳之後，對周遭事物做出反應的時間比清醒時多了0.2秒，B組僅增加0.05秒（酒駕的人往往就是自認清醒，其實做出的都是為時已晚的反應）。

　　為什麼會有這樣的催化效果？這是因為二氧化碳會刺激胃的括約肌打開，門戶大開的小腸迅速吸收更多酒精，再送到血液裡，你就喝醉了。不只是香檳，加入氣泡飲料的調酒順口易飲，換著口味喝更是容易毫不自覺的一杯接著一杯，殊不知兩杯調酒所含的烈酒可能就已經過量。

小知識　　知名調酒「長島冰茶」之所以殺傷力極強，是因為光基酒就放了伏特加、白色蘭姆酒、龍舌蘭、琴酒等四款烈酒，再加上可樂的催化……。今日許多酒譜都會推陳出新做出微調以凸顯調酒師實力與各店特色，筆者曾經喝過一款將可樂改成啤酒的長島冰茶，當下真心驚艷忍不住多點另一杯調酒，隔天頭好痛啊。

解酒良方

解酒還需一杯酒？誰才是真正的解酒良方？

回想一下讓你最痛苦的那次宿醉，你會怎樣形容那種感受呢？挪威人會說「Jeg har tømmermenn」，意為「我有木匠（在我腦子裡施工）」，法國人會說「Gueulu de boise」以「木嘴巴」來表達脫水帶來的口乾舌燥，瑞典人則會說「Hont i haret」說明頭痛嚴重蔓延到「髮根痛」了。為了擺脫這種不悅的感覺，坊間自古流傳了各種偏方：

1. 回魂酒：宿醉菜鳥一定都聽過這個建議：「這罐酒喝下去就好了」。當你邊喝邊懷疑這是不是惡整你時卻似乎真的舒服點了，所以它是有效的嗎？其實這時追加的酒精只是再次麻醉你的神經反應，所以你會「暫時」覺得自己好多了，卻大大延長宿醉的時間。

2. 茶：茶會刺激胃酸分泌，強化酒精對胃的傷害。此外，茶有利尿的效果，對於已經嚴重脫水的腎臟是二度重傷，而含有咖啡因的濃茶還可能導致心律不整。

3. 運動：「那我運動把酒精排出去呢？」很遺憾的，酒精不會隨著汗液排出體外。在缺水的狀況下運動會讓身體流失更多水分與電解質。

4. 解酒液：衛福部目前沒有核可任何標榜「解酒」功能的藥品，市面上販售的「解酒液」成分多為維生素B群，它的作用是補充肝臟為了代謝酒精所流失的養分。所以解酒液可能會讓你舒服一點，但嚴格說起來努力解酒的還是肝臟。

5. 生雞蛋：為了代謝乙醛，需要動用體內的抗氧化物質 —— 穀胱甘肽（Glutathione），而雞蛋所含的半胱氨酸（Cysteine）則能夠幫助穀胱甘肽的生成及協助代謝乙醛。但是我們不需要學洛基否生雞蛋，煮熟的雞蛋能提供更多半胱氨酸。

小知識 最有名的回魂酒應該非血腥瑪麗（Bloody Mary）莫屬，以伏特加當基底，加上大量番茄汁，佐以檸檬汁、鹽、胡椒調味再加上畫龍點睛、讓人瞬間清醒的 Tabasco，這分貌似西西里鹹食小點的酒譜其實富含維生素 C，只要省略伏特加就變成處女瑪莉（Virgin Mary）。

各國滿幾歲才能喝酒

「那個義大利小孩在喝酒耶！爸媽不用管嗎？」「又不犯法」

除了義大利、荷蘭、波蘭等國家沒有飲酒的年齡限制以外，多數國家跟臺灣採行的標準一致，都是規定十八歲為合法飲酒年齡。其他較為特殊的是韓國，因為施行虛歲制，所以雖然明文規定十九歲，但有些人會在二十歲才慶祝成年與飲酒。全球最嚴格的規定是美國的二十一歲；Will Smith的兒子Jaden Smith為了在十八歲生日喝酒，還設計爸媽帶他去英國慶生。為什麼要限制飲酒年齡呢？心智行為能力是其中一個考量，然而考量酒精對發育的危害，才是規範年齡限制的主因。

聖地牙哥加利福尼亞大學（University of California）神經科學家蘇珊·泰普特針對酗酒與不喝酒的青少年大腦做了掃描，結果發現兩組人員在大腦白質部分有顯著差異。泰普特表示：「有許多斑點分布在白色皮質裡，顯示這些地方不夠健康。而最讓人驚訝的是這些青少年飲用的頻率其實沒有想像中高，大約只有一個月一～兩次」這是因為青少年正處於發育未臻成熟的階段，相較於成年人較無力承受不良的影響。而大腦白質的損傷或生長不正常則會影響學習及自我控制的能力。另外研究中還發現，酗酒青少年的海馬迴也有功能不佳的跡象，在記憶相關領域如詞語學習的表現較差。

伊利諾大學（Uniersity）醫學院教授潘迪（Subhash Pandey）也做過相關的研究，潘迪以二十八天大的老鼠實驗，連續兩天餵酒，接著連兩天不餵，就這樣十三天之後持續追蹤，發現飲酒對老鼠的生理影響一直延續到成年之後，甚至檢查老鼠的杏仁核發現牠們的DNA也產生異變。這結論表示青少年時酗酒的傷害不僅會延續至成年，還將禍延子孫。

小知識 喝酒有年齡限制，釀酒似乎就在限制外囉！二〇一二年時，年僅11歲的Emma Martin 在家族酒莊 Creation Wines 的新酒發表會推出了自己釀造的黑皮諾（Pinot Noir）。Emma 的父親身為酒莊老闆，同時也是家族第三代釀酒師，相信在他的監督指導下，Emma 這批單桶限量三百瓶的珍貴處女作到了 Emma 可以合法飲酒時，必然也是值得一嚐的美酒。

適飲年齡	國家
無限制	阿爾巴尼亞、波蘭、模里西斯、柬埔寨、澳門、菲律賓、直布羅陀、斯洛伐克、荷蘭、義大利、斯洛維尼亞、馬爾他、羅馬尼亞、塞爾維亞、史瓦濟蘭、挪威、越南等。
十六歲	黎巴嫩、奧地利、保加利亞、辛巴威、古巴、法國（由於法國將飲酒視為飲食文化的一部分，在餐廳用餐時飲用葡萄酒例外，沒有年齡最低限制）、盧森堡、丹麥（十六歲以上可飲用酒精濃度百分之十八以下的酒，十八歲以上無限制）、德國（年滿十六歲可買啤酒或葡萄酒，年滿十八歲才能買其他酒品）、瑞士（依照各聯邦規定的不同，年齡限制分布在年滿十六歲到年滿十八歲之間）。
十八歲	這是目前最多國家和地區採行的年齡標準，包含肯亞、波多黎各、喀麥隆、馬拉威、西班牙、南非、阿根廷、約旦、以色列、英國、香港、斐濟、澳洲、烏克蘭、瑞典、俄羅斯、拉脫維亞、匈牙利、新加坡、克羅埃西亞、白俄羅斯、斯里蘭卡、中華民國、越南、蒙古、瓜地馬拉、宏都拉斯、厄瓜多、哥倫比亞、智利、烏干達、紐西蘭、印度、墨西哥、芬蘭等三十餘國。
十九歲	韓國（請參考內文）、加拿大（但是其中的曼尼托巴省及魁北克省則是年滿十八歲即可）。
二十歲	日本、泰國、巴拉圭、冰島、立陶宛。
二十一歲	美國（聯邦法律直接將各州最低的合法飲酒年齡訂在年滿二十一歲）、印尼、帛琉、馬來西亞、埃及等國。
完全禁止	伊斯蘭教國家由於宗教因素基本上皆全國禁酒。其他國家完全禁酒的還有利比亞、蘇丹、沙烏地阿拉伯、科威特、孟加拉、汶萊、巴基斯坦。

＊資料參考自各國相關法律及維基百科

孕婦不能喝酒

孕不忍則壞幼胎。讓科學家用證據來說服你。

「孕婦禁止喝酒」似乎是自古以來的基本常識，不過直到一八九九年才有比較明確的研究。利物浦的監獄醫生威廉‧蘇利文（William Sullivan）於該年發表的論文《關於孕婦酗酒對下一代影響之研究》（A Note on the Influence of Maternal Inebriety on the Offspring）提出，酗酒女囚犯的胎兒死亡率高於她們的親戚，這個論點主張胎兒的缺陷並非都遺傳導致，擁有近似基因的親屬中，酗酒孕婦的胎兒明顯有較多異常。

美國西雅圖華盛頓大學畸形學的專家肯尼斯‧里昂‧瓊斯博士（Kenneth Lyons Jones）與大衛‧史密斯（David W Smith）從八位來自不同族群、母親都有酗酒習慣的孩童身上，發現顏面、肢體、心血管缺陷及發展遲緩的問題都是在出生前就形成的。他們在一九七三年時為這種症狀命名為胎兒酒精綜合症（FAS, Fetal Alcohol Syndrome）。

要確診為FAS必須符合四個條件：

1. 生長遲緩：身高或體重低於父母的標準生長表的10百分位數時。
2. 面部特徵：人中平、上唇薄、眼瞼裂隙變小等三項皆存在。
3. 中樞神經系統破壞：頭部畸形、腦部發育不全等結構性破壞、癲癇等神經破壞、學習等功能性破壞。
4. 孕期酒精暴露：確認或未知的孕期酒精暴露。

在這之後累積的臨床研究經驗顯示孕期飲酒會對胎兒造成一連串生理、行為及認知能力的損害，包含FAS將這些症狀統稱為胎兒酒精譜系障礙（FASD, Fetal Alcohol Spectrum Disorder）。

小知識　有很長的一段時間，日本女性即使有再大的熱忱也不被允許成為清酒釀造師。紀錄片《戀上日本酒的女子》的主角之一今田美穗女士，是全日本僅有的三十位「杜氏」之一、更是該領域的先驅者，在日本男尊女卑風氣仍盛的時空背景下，今田女士仍毅然投身釀酒事業、接手「今田酒造」，其作品富久長「水月」立下了不容置疑的里程碑。

把酒當水喝？

聽說中世紀的水不乾淨，大家都以酒代水是真的嗎？

關於早期生活的情況，我們不見得都是從嚴謹考究的文獻報導中得知，更多時候是代代相傳的軼聞傳說。其中一個非常知名的就是：「中古世紀水源汙染嚴重，人們都將酒當飲用水喝」。

德國海德堡城堡（Heidelberg Schloss）地窖中收藏的世界第一大酒桶（Große Fass）旁有一座咕咕鐘跟一個木雕人物。據傳這個木雕的人物原型是一位名叫Perkeo的小丑，Perkeo人生最愛的兩件事情就是捉弄人跟喝酒，他設計的咕咕鐘不會報時、只會彈出東西嚇人，而人生第一次選擇喝水讓他喪了命。嗜酒的Perkeo某日在朋友的勸說下為了身體健康開始喝水，然後就沒有然後了，因為那杯水中充滿的不知名細菌將Perkeo直送天堂，就這樣，這位極可能是虛構人物的Perkeo的不幸遭遇奠定了這個印象的基礎。

然而事實上，只喝酒不喝水是無法維持正常生理機能的，關於酗酒對身體的危害，我們在「酒精相關疾病」那章已經做了說明，而人類在中世紀對飲用水的講究程度也比想像中高。

著有《建築十書（De Re Aedificatoria）》的佛羅倫斯建築師萊昂・巴蒂斯塔・阿伯提（Leon Battista Alberti）於十五世紀便提及城市儲水、供水、分配管線等規畫的重要性，確保人民在飲用之餘還有清潔、防火等維持良好生活品質的潔淨便利用水，城市紀錄中甚至提及用水管線的清潔維護費用。

小知識　以酒代水有害健康，喝起來像水的酒更是大意不得！Sapporo 在二〇一九年推出的「CHU—HI 99.99」以伏特加為基底調和檸檬、蘋果等水果製成無明顯酒精味的果汁調酒，由於過於爽口，意識往往在過量飲用百分之九的酒精濃度之際就斷片了。

喝酒可以禦寒？

「登山帶瓶烈酒以備不時之需？」「你想詐領誰的保險金？」

對於喝酒可以讓身體變暖和這件事情，筆者最早的印象應該是來自迪士尼頻道。有一集布魯托（Pluto）凍成冰塊，前來拯救他的聖伯納犬打開掛在脖子上的小橡木桶讓布魯托喝了一大口酒，牠就立刻甦醒過來然後開始酒後亂性了。

阿爾卑斯山對於登山者來說是個極具挑戰性的路線，嚴峻的氣候條件時常發生不幸的意外，名為奧古斯丁的僧侶於一〇五〇年在當地建了修道院後，也招募汪星人加入救援行列，兩隻狗一組，一個靠在落難者身邊提供溫暖，一個返回求援。最有名的是聖伯納犬巴里（Barry），巴里輝煌的救難紀錄中止在第四十一名獲救的人手上。這位仁兄可能以為巴里是狼，或是神智不清過於驚慌，殺害了巴里。法國巴黎百年歷史狗公墓（Cimetière des chiens），特別製作了巴里與牠拯救過的小男孩雕像，感念巴里的付出。

等等，怎麼都沒提到酒壺？因為身為搜救犬的聖伯納帶在身上的是急救包，而不是殺人凶器。飲酒後血管擴張、血液循環加速，熱能流失到體表跟四肢，給人一種發熱的錯覺，實際上此時的身體快速散熱，心臟頭腦的溫度也降低，反而對生命造成更大威脅。

那小酒桶的認知是怎麼來的呢？英國愛狗畫家埃德溫・藍希爾爵士（Sir Edwin Henry Landseer）在作品《阿爾卑斯獒鼓舞一位沮喪的旅行者》（Alpine Mastiffs Reanimating a Distressed Traveler）中為狗狗畫上了小酒桶當配件，時尚到大家都開始認為這是聖伯納搜救犬該有的形象。位於瑞士下瓦萊州（Lower Valais）的馬蒂尼（Martigny）是聖伯納犬的故鄉，當地的聖伯納博物館介紹許多相關的故事讓遊客能夠深度認識可愛又善良的狗狗。重點是，讓狗狗帶上小酒桶好萌好可愛，周邊商品好紅好好賣，眾人就從善如流接受這形象了。

小知識 天氣冷想適量喝點熱熱的飲料也是人之常情嘛～「香料熱紅酒」是非常普遍的飲料，其實也沒有硬性規定的酒譜，就筆者個人的習慣，準備自己喜歡的紅酒、柳橙汁、八角、肉桂棒、糖，依個人口味調整就是療癒舒心的溫暖飲品了。

六、酒精與文化

酒精相關節日

拿過節當喝酒藉口？這些節日因喝酒而存在

重大節慶總是少不了酒精對氣氛的推波助瀾，但想像如果這節慶本身的主題就是酒，熱絡歡慶的程度會有多令人興奮？

德國慕尼黑啤酒節（Oktoberfest）：意為「十月節」的慕尼黑啤酒節起源於一八一九年十月十二日，巴伐利亞王儲路德威希一世（Ludwig I）與特雷西亞（Princess Therese）的皇家婚禮為了與民同樂、舉國同歡，在特雷西亞草地廣場（Theresien Wiesn Plaz）提供免費啤酒分享喜悅。這個美妙的微醺時刻延續至今日，並且貼心的將日期提前至較溫暖的九月，每年九月的第三個週六至十月初，為期約兩週的慕尼黑啤酒節年年吸引大批國外遊客來到這裡感受傳統慶典與德國啤酒的魅力。

法國梅鐸紅酒馬拉松（Le Marathon du Médoc）：這幾年來各種主題的路跑活動如雨後春筍般不停冒出來，假如你是紅酒瘋狂愛好者，這個於九月舉辦的路跑絕對不要錯過，賽道全長42.195公里的法國梅鐸紅酒馬拉松沿途囊括五十多座酒莊，包括知名的波爾多三大頂級酒莊：拉圖（Chateau Latour）、木桐（Chateau Mouton Rothschild）、拉菲（Chateau Lafite Rothschild），沿路二十多個美食補給站有喝不完的紅酒跟吃不完的食物如cheese、水果、燻鮭魚麵包等，撐到最後五公里還有生蠔、牛排跟冰淇淋。想刷新路跑時間紀錄的專業跑者絕對不適合這個路跑。

小知識 　如果真的前往朝聖紅酒馬拉松，有沒有必喝的酒呢？自從世界最具影響力的評論家 Robert Parker 將 82 年拉菲評為「20 世紀最偉大的年分」，便開啟了全球紅酒愛好者對拉菲的追求，據說二〇一六年將拉菲設置在四公里處，導致多數人一開始就喝茫，隔年只好往後移。各位就以看到拉菲為最後目標，挑戰自己的最佳紀錄吧！

修道院是最早的釀酒廠

「為什麼想不開要出家？」「我想釀出好喝的啤酒！」

說到修道院啤酒幾乎就是品質保證，頂級的香檳Dom Pérignon更是以僧侶為名，社會觀感印象中應該嚴守戒律的西方和尚們為什麼會跟釀酒扯上關係？

首先，聖經從來沒有禁止飲酒，僅告誡不應過量，如《箴言篇20:1》提及「酒能使人褻慢，濃酒使人喧嚷。凡因酒錯誤的，就無智慧。」或《以弗所書5:18》中的「不要醉酒，酒能使人放蕩，乃要被聖靈充滿。」耶穌還曾在迦拿的婚禮中展現將水變成酒的神蹟。可見「酒」在他們的信仰中也具有其存在價值與貢獻。

修士之所以會開始釀酒也跟信仰息息相關，每年復活節前六週是齋戒期，不能夠吃肉的修士發現發酵後的麥汁加倍營養可口，而且飲用後的飄然感會讓人覺得更接近上帝，因此將啤酒當作齋戒期補充營養的來源。據鄉野故事說，修士為了獲得飲酒許可，曾帶著啤酒長途跋涉入宮晉見法國國王，然後國王一口喝下因運輸時間過長而劣化的啤酒大為驚愕：「這你們也喝得下去？根本是修行嘛！」敬佩萬分的國王就這樣頒發飲用許可了。但中世紀常身兼青年旅社的修道院不僅釀酒自飲，也會提供給投宿的旅客，「修道院限定」版啤酒的名聲也就此流傳下來。今日坊間常見在瓶身描繪修士圖案的啤酒，但是想拿到「正宗修道院產品」（Authentic Trappist Product）的標示必須符合三個條件：

1. 必須在修道院圍牆內完成，並且由修士親手釀造或是在其監督下完成。
2. 商業運作模式必須符合修道院的道德教義規範。
3. 非營利目的，所有收入僅能用於修道院活動與維護或捐助慈善機構。

小知識 La Trappe 是第一間被認可為正宗修道院啤酒的非比利時製造啤酒。一八八一年時，一群法國僧侶搬家到荷蘭，手頭拮据的僧侶們為了維持生計並籌措經費建造修道院而開始釀酒，後來生意做得有聲有色，時至今日已經成為頗具規模的現代化酒廠，但啤酒的收入不忘初衷的仍以慈善事業與維護修道院為用喔！

版權歸屬於：DanyL/Shutterstock.co

版權歸屬於：Denys/Shutterstock.com

Symposium研討會
其實是品酒會？

希臘時代的研討會應該翻譯成單身派對比較貼切

結束一場耗時終日、嚴肅燒腦的研討會之後，如果可以吃頓療癒的垃圾食物再加上一杯美酒好好放鬆，將會是多麼充實的一天。不過你知道嗎？希臘人就是去研討會喝酒的。

研討會（Symposium）源自希臘語συμποτιον，將字首sym－「一起」與字根posis（飲料）結合起來就成為「大家一起喝東西的party」。希臘時代的研討會是個重要的社交聚會，成員的組成可以是家族成員、鄰居、同事或地方仕紳，眾人齊聚一堂選定主題辯論、策劃公共議題或是單純聊天嘴砲。主辦的貴族根據每次內容的不同會僱請奴隸或表演者提供傳統希臘木管樂器等音樂演奏或舞蹈等娛樂。雖然詩歌與音樂才是研討會的主要娛樂，但禁止女性參加的希臘時代有時也會邀請「高級性工作者」（hetairai），為聚會帶來不同色彩。對古希臘男性而言，單身派對似乎不侷限於婚前才能參加。

最早讓「Symposium」這個字冠上純粹學術形象的大概是柏拉圖（Plato）西元前385年的作品《會飲篇》（Symposium）。這部作品以紀錄對話形式編寫而成，類似孔子弟子及弟子的弟子記下孔子所言編輯成《論語》那樣。內容乍看單純敘述一群雅典男性，包括東道主阿伽松（Agathon）、哲學家蘇格拉底（Socrates）、修辭學家斐德羅（Phaedrus）等人，為了慶祝阿伽松的悲劇劇作獲獎而舉辦的宴會其席間對談。

小知識　說到希臘的老酒，就不能不提到芳齡兩千多歲的松脂酒（Retsina, Ρετσινα）。由於當年還沒有各種玻璃瓶保鮮罐，為避免珍貴的葡萄酒們氧化變質，希臘人採地中海松（Pinus Halepensis，又稱阿勒頗松）製成的樹脂密封雙耳瓶口，松脂的香氣就這樣潛移默化的成為葡萄酒風味的一分子。雖然羅馬人大舉使用木桶後也就不需要松脂封口，但這個特色風味就成為當地特產被保留至今了。

入菜的酒

紅酒如果喝不完，那麼來一盤紅酒牛肉如何？

除了飲用之外，許多酒類也是令料理增色不少的最佳配角。

1. 米酒／清酒：米釀造的酒類能去除腥味，提升風味層次的同時又不會造成衝突。酒類高溫拌炒時還會反應產生脂類，也就是香味的成分來源。米麴製成的味醂，就是融合了米酒與糖的作用而成的料理專用酒。

2. 啤酒：用啤酒醃肉可以軟化結締組織，讓肉質變的鬆軟易入口，醃料也更容易入味。製做炸物時以啤酒代替水混合而成的麵糊做出來的麵衣，在二氧化碳的幫助下會更加酥脆。

3. 白葡萄酒：鮮奶油拌入白酒加入蝦湯，就是鮮蝦義大利麵的絕妙醬汁。無色清淡的白酒放在雞肉、海鮮料理都能達到去腥的作用，酒精揮發留下的淡淡水果香氣更將與餐酒互相輝映。吃烤魚烤雞喜歡加檸檬汁的人也可以試試以白葡萄酒替代，別有一番風味。

4. 紅葡萄酒：顏色深沉、單寧重的紅酒就不太適用於海鮮料理了，遭到紅酒染色不僅不美觀，單寧的苦味也會蓋過食材本身鮮甜美味。因此紅酒常用做沙拉、牛排醬汁或是慢燉肉類。製作醬汁時需要注意火候，避免收得過乾徒留單寧苦澀；然而長時間燉煮選擇油脂較豐厚的肉類不僅能讓紅酒慢慢軟化肉質，肉中的脂肪也會與單寧結合，消除澀味。

5. 威士忌：燒烤料理無論是烤肋排還是烤球芽甘藍，威士忌的麥香混合醬料與食材一起出爐時的香氣會讓你確信自己沒有浪費任何一滴珍貴的酒。許多大廚喜歡在料理起鍋前的最後一刻加點烈酒點火燒乾，酒精揮發的同時，留下麥香與焦糖。

小知識 紹興酒較少被拿來討論，然而，中華人民共和國在一九五二年的評酒會中選出的最終八款好酒，紹興酒就佔了其中一個名額，足以彰顯它的實力。臺灣埔里酒廠以在地優質糯米、蓬萊米與小麥，加上純淨山泉水創造出獨具這片土地特色的紹興酒，做成紹興醉雞更是一絕。

版權歸屬於：Shebeko/Shutterstock.com

結合甜點的酒類

烘焙老師的櫃子裡怎麼都是酒？我不小心選到酒鬼的課嗎？

　　烘焙愛好者對於食譜中常見的酒類一定不陌生，經長時間醞釀而成的濃厚香氣與富含層次的深度滋味讓酒成為烘焙食品畫龍點睛的天然香料。除了醉人的香氛之外，本身的甜度與風味特色也能凸顯重點，或是激盪出嶄新口感。

1. 蘭姆酒：甜點食譜中最常見、烘焙材料行一定買得到的就是蘭姆酒了。其中又以淺棕色的金蘭姆酒最泛用，以香氣濃郁、甜度較高的金蘭姆浸泡後的果乾加入麵包、餅乾或磅蛋糕中烘烤可以避免過於乾燥而焦苦乾硬無法咀嚼，而且保證香氣更上一層。添加於果醬、奶油糖霜、蛋糕體等，以甘蔗為原料的蘭姆酒說起來就是酒精加成的糖蜜，跟甜食的搭配都不會讓你失望的。

2. 君度橙酒：蘭姆酒能做的，許多時候橙酒也做的到，只是風味上是否有衝突就需要經驗的累積或是先行參考食譜建議。同為水果系列的蛋糕體麵糊中加入非常少量的橙酒就能夠帶出雋永芬芳，舉例來說，在檸檬糖霜磅蛋糕中只要加入一大匙，你的蛋糕就是會比別人的香一點。

3. 卡魯哇咖啡酒：以咖啡為基底又甜的讓人敬畏三分的卡魯哇似乎不太容易發揮創意，但是製做提拉米蘇時，卡魯哇絕對適合。吸飽混合濃縮咖啡與卡魯哇液體的手指餅乾再層層推疊馬斯卡彭起司混合鮮奶酒，最後點綴無糖可可粉……，光是在腦中想像就令人口水直流了。

4. 紅葡萄酒：冰箱中有吃不完的香草冰淇淋嗎？將紅酒與等量的糖（或依個人喜好）煮成稍黏稠的糖漿再滴點香草精拌勻，這冷卻後的淋醬會讓任何冰淇淋都提升好幾倍質感。

小知識
　　「Anthon Berg 烈酒巧克力禮盒」，這款出身丹麥的酒糖囊括全球知名酒款如傑克丹尼爾威士忌（Jack Daniel's）、蘇格蘭威士忌（Scots Whisky）、墨西哥瀟灑龍舌蘭（Sauza Tequila）、義大利香草酒（Galliano）、法國香橙干邑甜酒（Grand Marnier）、美國金馥香甜酒（Southern Comfort）、君杜橙酒（Cointreau）、英國馬里布椰子蘭姆酒（Malibu），所有經典盡收舌尖。

各國特殊名酒
度蜜月時喝到的酒回來都找不到，早知道多買一些

　　有些特殊酒款的風味可能不是那麼大眾化、產量相對較少，也就沒有外銷的打算，旅遊時把握難得機會嘗試看看也是體驗異國風情的絕佳途徑喔！

1. 祕魯－皮斯可酒（Pisco）：筆者有幸去過馬丘比丘，就容我私心將他放在第一個吧！一九八三年就被聯合國教科文組織選為自然與文化雙遺產的祕魯連美食都不落人後，在二〇〇七年被選為新世界新七大奇觀的同時，也將皮斯可酒列入祕魯國家文化遺產。皮斯可酒遵循當地古法製作，以新鮮發酵的百分之百葡萄汁蒸餾而成，澄澈卻濃厚的皮斯可酒擁有葡萄酒的香氛卻不帶苦澀，帶有利口酒的香甜卻不膩口。

2. 奈及利亞－棕櫚酒（Vinho de Palma）：就製造過程而言，棕櫚酒大概是最天然、毫無添加物的酒精飲料了。當地人在棕櫚樹上鑿洞之後會插上水管引流樹汁，接著拿水桶或玻璃瓶盛裝後等它發酵幾小時就會變成可爾必思沙瓦了。

3. 希臘－茴香酒（Ouzo）：以茴香為原料製成的利口酒帶著香濃的滷包八角味，當地人喜歡餐前來一杯刺激食慾。在苦艾酒受到抵制時，這個森林系的草本滋味由於跟苦艾酒有87分像，苦艾酒粉絲如獲至寶，茴香酒瞬間人氣爆棚。

4. 中國－茅台酒：享有「中國國酒」美名的茅台酒原料講究、製程複雜，以茅台鎮當地特產的「紅纓子」糯高粱為原料，經過九次蒸煮、八次發酵，光基酒的生產週期就長達一年。中國已將茅台酒的釀製技藝列入「國家級非物質文化遺產」。

小知識　「蜜月（Honey moon）」這個說法的由來跟最古老的酒之一──蜂蜜酒（mead）有密不可分的關係。據說歐洲中世紀時期，新婚夫妻會足不出戶一個月在家好好做人，而太太們會殷勤的餵食先生自釀蜂蜜酒，蜂蜜的營養大家都知道，有強健的身體跟飄飄然的心情，這個月才好趕進度。

不要自己倒酒

「跟日本客戶吃飯，只是倒杯酒來喝，怎麼大家都一臉驚嚇」

飲酒不單是生活中的消遣，也是各國文化的體現，如果忽略了一些小細節，很有可能無意中冒犯他人，造成自己邊緣化喔！

語言都分敬語常體了，日本人餐桌上的禮數自然也不會少。大家坐下來等飲料時，千萬不要因為害羞詞窮先喝一口壓壓驚，大家會覺得你非常失禮的！開喝之前必須等所有人的飲料都到齊、整齊劃一的說完第一次「乾杯！」後才能開始照自己的進度喝。而且乾杯的時候要注意杯緣的高度得低於前輩以示尊重，不然可能就會像凸出來的釘子一樣被拔掉了。

日本人最基本的喝酒禮儀是「不能幫自己倒酒」。理由是這個動作出現的當下似乎在暗示「都沒人關心我」，周遭的人會蔓延這片玻璃心海認為自己被責怪，整晚氣氛就這樣毀了。所以為了大家好，就算真的很想續杯還是先找找旁邊有沒有人空杯，大家發現你頻頻倒酒應該也會禮尚往來的。日本人在接受好意，讓對方為自己斟酒時如果發現自己杯中有殘酒竟然會選擇倒掉，確保對方為自己倒入的冰涼啤酒不被退冰的溫度「汙染」。

韓國人喝酒的眉角也沒比較少，上述的不能自己倒酒、杯緣要低於前輩等規則在韓國也都適用。只是「不能自己倒酒」的理由不太一樣，他們認為自己倒酒會讓運氣變差。重視輩分的韓國人不僅一定要由晚輩幫長輩倒酒，晚輩喝酒時還得側身，同時不可直視長輩。韓國另外還有一點滿奇特的習慣是，有些長輩為了表達對晚輩的欣賞，會將自己的杯子倒了酒後遞給晚輩，晚輩不能夠拒絕必須喝下，喝完之後還要確實將杯子擦乾淨交還給長輩。

小知識 舉凡韓劇吃飯約會的場合，桌上總是少不了一瓶瓶的綠色飲料—韓國燒酒。燒酒是一種酒精在 20% 上下，辛辣程度卻不輸 Vodka，但是入喉又很奇妙的有種回甘的蒸餾酒。燒酒曾經因為戰時稻米短缺禁用而改成地瓜或其他穀物釀造，也許是這美好滋味深深烙印在歐巴歐妮心中，即便後來禁令解除，穀物燒酒的滋味仍延續下來。

Pub Crawl

到了英國想要和當地人混成一片？試試 Pub Crawl 吧。

　　到國外旅遊好希望自己可以像在地人一樣遊遍大街小巷，跟一大群朋友到酒吧暢飲狂歡然後認識更多新朋友嗎？英國的著名套裝行程「Pub Crawl」應該可以滿足你的期待。

　　「Pub Crawl」又稱為「Bar tour、Bar－Hopping」。字面上的解釋看起來是要在酒吧間匍匐前進，不過實際上的意思是在一個晚上連跑好幾間酒吧，每間進去喝杯啤酒或來杯shot、也許再跳個舞，短暫停留後帶著剛認識的戰利品（新朋友）前往下一個酒吧，一站接著一站藉著踩點泡酒吧的方式滾雪球般累積同伴，能夠維持整夜的新鮮感與派對氣氛。仔細想想，這個命名的精妙之處就在於，整晚這樣喝下來最後沒人攙扶大概真的要爬行才能跟上隊伍了吧！

　　澳洲與加拿大等國家也有Pub crawl，但美國將娛樂性與嚴重性都推向了另一個高峰。

　　「SantaCon」主題pub crawl起源於一九九四年的舊金山，至今包括紐約、倫敦、溫哥華及莫斯科已有四十四個國家也加入這個滿街充斥醉醺醺聖誕老公公的異象。據估計，紐約在二〇一二年有近三萬人參與，造成執法單位空前的困擾。Cosplay成聖誕老公公理論上不是壞事，可是樹大必有枯枝，人多似乎就容易產生衝突跟髒亂，想像十歲的小朋友看著滿身酒氣的聖誕老公公們「齁～齁～齁～」，另一群聖誕老公公互相鬥毆，角落還有一群在隨地嘔吐，另一群已經被上銬帶入警車，這個心理陰影面積會有多大。

　　二〇一六年紐澤西州為慶祝聖派翠克節（Saint Patrick's Day）舉辦的pub crawl演變成暴力事件，造成十五人被捕、三十五人住院，也激起社會對這活動的反對聲浪，但今日Pub crawl 仍在世界各地進行中。

小知識　要選擇一款英國最具代表性的啤酒實在太容易了，畢竟人家都自豪的寫在瓶子上—富勒（Fuller's）啤酒一九五九年問世的「London Pride」。想當初筆者在專賣店第一次邂逅它時，老闆很熱心的說「剛好最近冷，你可以試試它的常溫風味哦！」本來懷疑老闆是不是想騙我年紀小，想不到看似苦澀的古銅色酒液竟然先以清爽的果香打招呼，然後接連著以偉特奶油糖的滑順厚實香氣投以深吻，最後以麥香擁我入懷。

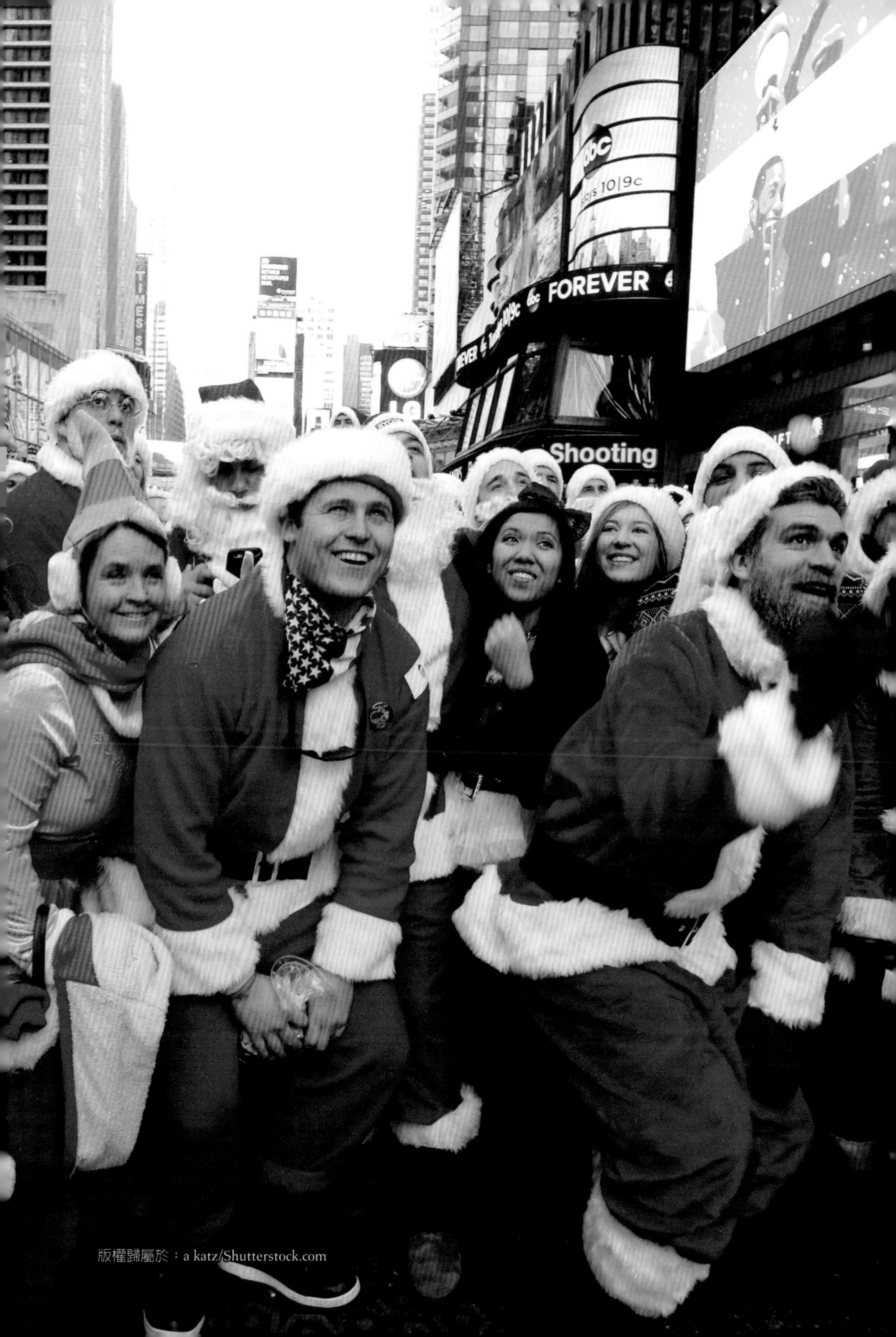
FOREVER
Shooting

禁酒令

酒吧怎麼想到「說暗號才能進門」這種噱頭啊？因為禁酒令

美國禁酒令（Prohibition Era）於一九二〇年起實施全國性的禁酒措施，無論釀造、運輸及銷售酒精飲料都在限制範圍之內，然而隨之而來的種種反彈與更加動盪的社會問題迫使禁令在一九三三年正式宣告失敗。

治安差到一個新高的十九世紀隨處可見醉漢與其引發的酗酒、家暴案件、千夫所指的酒精飲料早已激起各地的反酒聲浪，一八五一年，最早實施禁酒的緬因州也許存在感太薄弱，並沒有獲得全國群起響應，直到一八七三年婦女基督團體（WCTU, Women's Christian Temperance Union）成立後，才開始出現強勢催生禁酒法案的勢力。WCTU由代表「家庭」的婦女所組成，當時印製了各類豐富文宣描述酒精的百害無一利，呼籲社會大眾摒棄這項惡習。除了守護家庭價值以外，部分學者也認為這個運動同時顯示女性主權的崛起。

立法禁酒於一九〇五年僅有寥寥三個州，到了一九一六年已經進入黃金交叉，共有二十六個州加入禁酒行列。一九一七年第一次世界大戰爆發，為了將釀酒的穀物省下來當飯吃而頒布了臨時性的禁酒法令，禁酒團體眼看機不可失當然要趁勢追擊，對政府表示你頭都洗下去了就讓他煮成熟飯吧！然後憲法第十八條修正案就真的生出來了。

然而禁酒令實施後隔年，說暗語才能通關的地下酒吧（Speakeasy）數量倍增，非法走私、釀酒的黑幫權力財力更勝以往，社會更加動盪不安，最糟的是內閣官員陸續被踢爆知法犯法，收受賄賂私藏酒品，禁酒令最終宣告結束。

小知識　話說回來，要是不給賣酒，葡萄不就要放到爛掉了？葡萄農腦筋動的很快，將濃縮葡萄汁做成像冬瓜磚一樣的 Vino Sano 葡萄磚（grape brick），並在包裝上溫馨提醒顧客「千萬不要依包裝的比例加水發酵 21 天喔！不然就會發酵變成酒喔！21 天喔！」

版權歸屬於：Everett Historical/Shutterstock.com

版權歸屬於：catwalker/Shutterstock.com

影集／電影裡的酒

「你最喜歡哈利波特裡面哪個角色？」「奶油啤酒。」

基於角色特質或氣氛營造，電影或影集常會有酒精飲料的戲份，雖然僅是驚鴻一瞥，其中幾杯酒卻讓人魂牽夢縈。

1. Harry Potter《哈利波特》－奶油啤酒（Butterbeer）：J.K.羅琳（J. K. Rowling）生花妙筆下的魔法世界讓全球為之瘋狂。在妙麗嘴上留下可愛泡泡鬍子、讓失業的小精靈醉的東倒西歪的奶油啤酒在原作的設定中是含有些許酒精成分的，奧蘭多環球影城（Universal Orlando Resort）行政主廚史帝夫‧傑森（Steve Jayson）為了讓所有人都能夠品嚐奶油啤酒的魅力，特地設計無酒精的配方，第一天在環球影城亮相就賣出了上千杯，據主廚說還看到有人邊喝邊哭呢！

2. 金手指（Goldfinder）－伏特加馬丁尼（Vodka Martini）：「伏特加馬丁尼，用搖的，不要攪拌」（Vodka Martini, Shaken, not stirred）。風流倜儻的詹姆士‧龐德（James Bond）自一九六二年《Dr. No》上映後一直是性感的代名詞。而第一任龐德－史恩‧康納萊（Sean Connery）在一九六四年《金手指》（Goldfinger）點的那杯伏特加馬丁尼從此完整了這位萬人迷的招牌特色。

3. 慾望城市（Sex and the City）－柯夢波丹／大都會（Cosmopolitan）：伏特加、君度橙酒、蔓越莓汁及檸檬汁的組成一看就是女生會喜歡的不敗組合。以女性雜誌柯夢波丹為名，又是凱莉‧布萊蕭（Carrie Bradshaw）最愛的調酒，儼然成為時尚氣息代名詞。

小知識　料理鼠王最令大家津津樂道的就是同名佳餚「Ratatouille」，不過，裡面可是有支身價不菲的葡萄酒被連名帶姓的提到喔！那就是被評過五次滿分、拍賣會上動輒 20 萬、結果被不識貨的小林當啤酒豪飲的「拉圖堡 1961」（Château Latour 1961）！

酒與藝術家

貓是用來抱的，酒不一定是拿來喝的

1. 李白：說到嗜酒如命的才子，很難不想到詩仙李白。根據《襄陽歌》的描述：「百年三萬六千日，一日須傾三百杯」來看，先不論杯子有多小、吹噓程度有多大，都非常明確的表達了他對杯中物的愛意。關於李白的死因眾說紛紜，但是基於他「天若不愛酒，酒星不在天。地若不愛酒，地應無酒泉」的浪漫情懷，多數人還是傾向接受「水中撈月」這個說法。

   日本島根縣松江市有一間創立百年的酒造有限會社，由當地田中家族創立經營，後來同樣出身於島根縣松江市的日本已故首相若槻禮次郎，由於非常喜愛李白的詩與生活態度，同時也深愛田中家的清酒，特別揮毫「李白」為清酒名賜給田中家，田中家遂以李白為名、賜字為酒標，釀造出「月下獨酌」（大吟釀）、「兩人對酌」（純米大吟釀）、「酒仙李白」（特別本釀造）等作品，並於平成五年，將沿用一百多年的田中酒造有限會社，正式更名為李白酒造有限會社。

2. 凱爾·拜斯（Kyle Bice）：拜斯是芝加哥的自由藝術家，擅長領域包含插畫、繪畫與攝影。在二〇一二年某天要開始插畫工作時發現手邊竟然沒有顏料，不知哪來的靈感蘸取喝剩的啤酒開始作畫。由於啤酒的色彩飽和度遠低於一般顏料，必須反覆渲染、時而等待乾燥才能繼續作業。這一幅幅香醇淡雅的色彩筆觸在網路上大受歡迎，拜斯並於二〇一五年架設精釀啤酒肖像畫網站「Beer PortraitsBeerportraits.com」，愛用的「顏料」是New Holland Dragon's Milk Stout。

> **小知識** 「大亨小傳」（The Great Gatsby）的作者費茲傑羅（F. Scott Fitzgerald）是琴酒愛好者，關於這點他非但不避嫌的讓調酒「Gin Ricky」在書中亮相，據說也曾透漏，喜歡琴酒除了個人口味之外，酒氣也比其他的酒不明顯。投資琴酒事業的 Ryan Reynolds 在自家琴酒記者會上還曾經引用大亨小傳的臺詞 "We drank in long, greedy swallows" 喔。

七、酒的普遍知識

私釀酒觸法

我這裏有一批自釀的梅酒好便宜的，你要團購嗎？

二〇一八年七月，一起臺東縣政府查緝原住民「祭典的酒」引發販售私酒與文化保存兩者間模糊地帶的討論。臺東縣政府特別召開記者會對社會大眾說明事情始末，並表示絕對尊重傳統祭典。查緝當天查扣的酒品雖然未達自釀100公升的上限，但由於瓶身貼有自製標籤，營業場所負責人也表示每瓶售價兩百元，商業行為違反菸酒管理法第三十條及第四十六條的規定便予以查扣。

私釀酒在世界各地各個時期都出現過，高酒稅與禁酒令都是催生私酒的主因。美國私酒最盛的時期由於必須掩人耳目，通常都在夜間進行，竟也因此留下了「月光酒」（Moonshine）這美名。

私酒最大的疑慮是衛生與原料等安全問題。美國私釀蒸餾酒時常就地取材，拿汽車散熱器的零件來當蒸餾頭，管中殘餘的冷卻液跟鉛元素就這樣加料到酒中，當然會喝出問題。部分不肖釀造業者為了節省成本甚至拿香水、化妝水等含有酒精的非食用液體來當釀造原料。此外，自釀酒在發酵過程中如果沒有確實掌握環境、溫度等變動因素，發酵完的「初釀液」沒有除去甲醇與雜醇油等其他雜質即可能造成飲用者中毒。根據美國大都會人壽保險公司（MetLife, Inc／Metropolitan Life Insurance Company）的統計資料顯示，該公司的投保者在一九三〇年因酒精中毒而過世的人數是十年前的三十五倍。

私釀少數無心插柳柳成蔭的佳話大概就是促使雞尾酒的誕生。私釀業者利用家中浴缸浸泡杜松子，製造品質粗劣的浴缸琴酒（Bathtub Gin），不但品質堪慮，還帶有相當強烈難入口的味道。當時的調酒師被迫嘗試加入各種果汁或利口酒來掩蓋異味，最後發現苦艾酒的效果最好，馬丁尼的酒譜才因此誕生。

小知識 雖然「月光酒」似乎籠罩在不太光彩的歷史陰影下，但對聰明的商人而言沒有什麼是不能行銷的！美國的古薰月光酒（Ole Smoky）為重現禁酒令時的販售原貌，將旗下許多風味烈酒如太妃糖、蘋果派、黑莓、鳳梨可樂達等等，裝在梅森罐中，過去是為了低調躲避追緝，今日這樣像果醬一樣的包裝反而討喜又獨特呢！

如何取得釀造／販售執照

「你的自家精釀啤酒上市了嗎？」「我的書面資料還沒填完」

這幾年普及的釀造知識與取得容易的釀造工具讓人對釀酒躍躍欲試，除了過去家庭中較常見的青梅、柚子等水果釀造酒，嘗試自行釀製啤酒的人也有增加的趨勢，如果哪天這個怡情養性的嗜好做出口碑，想與世人分享自豪的作品該辦什麼手續才能合法販售呢？

根據菸酒管理法第十條、第十一條及第十八條所述：「菸酒製造業者及菸酒進口業者，須檢附相關文件向主管機關申請許可，經許可並領得許可執照者，始得產製及營業」。用中文來說就是先到財政部國庫署菸酒管理資訊網（http: // www.dnt.gov.tw/dbmode/）下載所需要的各式表單，填妥各種繁文縟節、準備各種經費，確實掌握手續時程。然後再向衛生署及環保署申請查驗符合食品衛生及環保相關規定，才能取得酒製造業許可執照。

乍看之下好像很簡單，但是申請表單的細節之繁雜幾乎讓申請人填到靈魂出竅，實在很難沒有遺漏或錯誤；申請流程更是得歷經重重關卡。以下簡述流程讓大家心裡先有個底，知道該先準備好什麼。

（1）確定組織型態、名稱。

（2）總機構地點。

（3）負責人。

（4）工廠地點。

（5）檢附申請設立許可相關書件並填寫菸酒製造業者許可設立申請書－勾選設立許可，寄出或親送至財政部國庫署。

（6）繳納審查費，資料無誤即可取得設立許可核准函。若是有遺漏的檢附資料或費用逾期未繳齊補整，會被駁回申請。

（7）辦妥公司或商業設立，於取得設立許可起算兩年內，申請核發許可執照檢附申請許可執照相關書。

如果確定要進行營利事業，建議直接就找會計師事務所代辦或諮詢，不但省事也比較不容易出錯。

小知識

臺灣人才濟濟，似乎每年都見得到新的精釀啤酒問世，這邊筆者私推故事根本應該拍成勵志電影的「吉姆老爹啤酒工廠 Jim & Dad's Brew Company」。自高中就留學美國的 Jim 在回到臺灣後利用工作之餘自釀懷念的精釀啤酒，竟在隔年（二〇一三）一舉奪得「臺灣自釀啤酒大賽冠軍」，就跟老爹一起成立了 Jim & Dad's。

假酒

喝假農藥自殺失敗，喝酒慶祝卻死了，因為酒也是假的

何謂假酒：關於假酒的定義，首先需要釐清的一點是——私釀酒、劣質酒或價格低廉的不一定是假酒。然而假酒是為了將成本降至最低而使用工業酒精、汽車零件、劣質香料調製成的浴缸琴酒，說穿了就是將各種根本非食用的原料拼湊而成的化學液體，連釀造過程都省了。

假酒危害：

1. 酸中毒：甲醇氣味類似乙醇，但甲醇會抑制氧化酶系統，阻礙糖的分解，造成乳酸、甲酸跟各種酸堆積，引發酸中毒。甲醇輕度到中度中毒的反應有點類似喝醉，伴隨著暈眩、反胃、腹痛，高度中毒時可能嚴重至脈搏加快、呼吸衰竭、猝死。
2. 神經受損：甲醇麻醉神經系統可能導致視網膜病變，甚至永久失明。
3. 慢性影響：神經衰弱綜合症、皮膚發炎、刺激黏膜組織、視力衰退。

辨別假酒：消費時還是從合法通路購買風險最低，合法製造廠商或進口商的資訊都可以在財政部國庫菸酒管理資訊網查詢。標籤是否經過仿造翻印、標示內容如進口商（代理商）名稱、地址、電話、製造日期、成分等標示如果不詳盡也避免購入。假酒常用的「三精一水酒」是以酒精＋香精＋糖精摻水調製而成的劣質手法，辨認方式很簡單，如果將酒倒在手心，摩擦使酒精揮發後，香料也蕩然無存就是了。若是不幸喝了假酒，急救方法就是喝真酒！中興醫院急診科主任醫師李芳年表示：「由於甲醇及乙醇使用的是同一種代謝酶，為了減緩甲醇代謝成有毒甲醛的機會，利用乙醇迫使代謝酶優先處理它，然後即時送醫，降低甲醛中毒的危害」。

小知識 義大利香水品牌 Valentino Uomo 多面切割的角錐玻璃瓶承載著琥珀色的液體，像極了一瓶 20YO 的 XO……，雖說俄國實施禁酒時有人拿香水飲鳩止渴，大家還是不要學吧。

凍飲

「俄羅斯那麼冷為什麼伏特加還要放冰箱？」「放外面會結冰」

　　初嚐高粱的人對那灼熱燒燙感想必是沒齒難忘，此時身邊的過來人可能會建議你不要急著放棄，試試凍飲也許會讓你改觀，重新愛上它的。金門高粱在炎炎夏日的銷售淡季也藉著主打零下12度的凍飲喝法讓業績扶搖直上。酒精飲料放冰庫不會結冰嗎？為什麼會變得比較順口？任何酒都適合凍飲嗎？

　　以另一款烈酒—伏特加為例，水的凝固點為攝氏零度，純乙醇為攝氏零下114度，酒精濃度約百分之四十的伏特加凝固點大約在攝氏零下負26.95度，一般家用冰箱最低零下負17度的低溫還不足以使伏特加結冰，酒精濃度百分之五十八的金門高粱就更不用說了。冷凍後的烈酒會呈現微「勾芡」樣的濃稠狀，呈現截然不同的口感。

　　「凍飲」的概念源自於模擬寒冷地帶的飲用狀態。不習慣酒精刺激氣息的人看到戰鬥民族以瓶就口豪飲伏特加的樣子總是相當不解，難道他們對酒精的嗅覺退化了嗎？殊不知在當地嚴寒氣候提供的天然冰箱早已默默的將酒精氣味深鎖其中，就像是小籠湯包中的高湯凍在低溫中沒什麼味道，蒸籠打開後的香氣瞬間讓整條街的唾腺都分泌了。凍飲的伏特加因為刺鼻氣味暫時被封鎖，直到入喉升溫才逐漸散發回韻的香氣，因此讓人覺得喝來格外順口。

　　「那我手上這瓶單一純麥威士忌拿去冰庫可以嗎？」也不是說不行，只是有點可惜。以香氣掛帥的酒類飲料最大的特色被封印住，直接就喪失了品味的第一層樂趣。此外，市面上許多頂級伏特加經過五層甚至六層的蒸餾手續，其質地之純淨幾乎嚐不出任何雜質，甚至還能從中感受原料的花果味香氣。所以下次將烈酒收進冷凍庫前不妨先試個一杯再決定吧！

> **小知識**　要涼爽到極致當然就是做成冰淇淋了，二〇一九年在美國上市的 Häagen—Dazs Spirits 系列推出蘭姆酒、波本威士忌、奶酒等七款烈酒冰淇淋，讓人愈吃愈消暑臉愈紅。百吉（Poki）在二〇二〇年夏天也推出了啤酒跟鳳梨啤酒口味冰淇淋喔！

與酒精衝突的藥物

吃藥不喝酒，喝酒不吃藥

「宿醉頭好痛，吃顆普拿疼（Panadol）應該會比較好吧？」「該吃血壓藥了，可是還在應酬，不然等喝完退個酒再吃就可以了吧？」那當然不可以囉！酒精與用藥間常見的僥倖心態就是認為不要同時吃應該就還好，酒精代謝所需的時間超乎想像的久，只要有在定期服藥都應該完全拒絕酒精。酒精與藥物共存於體內可能產生的影響主要有三大類：

1. 協同作用（Synergism）：酒精與某些藥物的反應可能會增強藥物的作用時間等反應，稱為協同作用。舉例來説，酒精會加強安眠藥抑制中樞神經的效果，造成該清醒的時間依然昏沉嗜睡，如果患有呼吸中止症就會變得非常危險。使用降血壓藥物如Captopril則可能發生視力模糊、全身無力等低血壓症狀。

2. 抑制酒精代謝：使用抗黴菌藥如Cephalosporins、抗生素藥物如Azithromycin會成為酒精代謝的絆腳石，造成酒精無法於正規時間排出體外，然後頭痛、嘔吐的種種宿醉噁心感遲遲揮之不去的這種情況稱為類戒酒反應（Disulfiram–like reactions）。

3. 藥物毒性增強／藥物失效：如果服用藥物所需的代謝酵素剛好也是代謝酒精的那幾種時，身體措手不及沒辦法同時處理所有業務，選擇放棄藥物先搞定酒精代謝時，藥物無法在合理的時間內被代謝，極可能延長藥物影響時間——包含副作用。

藥物及酒精併用還有相當多的副作用與風險，例如阿斯匹靈（Aspirin）等消炎止痛藥會造成肝臟更大負擔、導致肝毒性，進而嚴重損害肝臟。

小知識　相信大家多少都有耳聞人蔘、蔘茸甚至泡著各種神祕動物的藥酒，然而沖繩「波布蛇酒」讓筆者覺得格外衝擊的是，他就那麼自然而無邪的陳列在沖繩的紀念品店（每間都有），在紅芋甜點、黑糖跟可愛紀念娃娃旁邊是一條仔細繞圈盤好、擺好獠牙吐信的蛇睡在琉球泡盛裡。最獵奇的是，這款據說滋補強身的酒還出了罐裝的「琉球 Habuball」方便購買。

藥物種類	藥物名稱	副作用
鎮靜安眠藥	1. BZD（Benzodiazepines）類藥物，如 Alprazolam, Diazepam, Lorazepam, Midazolam 等。 2. 非 BZD（Non-benzodiazepine）類藥物如 Zolpidem, Zopiclone, Zaleplon 等。 3. 巴比妥鹽（Barbiturates）類藥物如 Phenobarbital, Pentobarbital, ecobarbita 等。	增強中樞神經抑制作用，造成鎮靜、暈眩、嗜睡、運動協調能力變差等症狀，嚴重的話甚至可能會抑制呼吸造成生命危險。
抗憂鬱藥	1. 常見藥物為三環抗鬱藥類（Tricyclic Antidepressants）Amitriptylin。 2. 其他抗憂鬱藥物如：Escitalopram, Citalopram 等。	增強中樞神經抑制作用，如鎮靜、暈眩、嗜睡。
抗癲癇藥	Aspirin 及 NSAIDs（非類固醇抗發炎藥物）如 Ibuprofen, Naproxen Indomethacin, Mefenamic acid 等	可能會增加胃腸道出血的風險。
	Acetaminophen	增加肝毒性及損傷肝臟風險。
降血糖藥	磺醯尿素（Sulfonylurea）類如 Glimepiride, Glipizide, Glyburide, Gliclazide。	延長藥物作用、造成血糖過低，導致頭暈、視線模糊、心跳加速、發抖、冒汗，嚴重時昏迷。
降血脂藥	Statins 類的降血脂藥如 Atorvastatin, Simvastatin, Lovastatin 等	增加肝臟負擔，可能造成損傷。
心血管用藥	1. 高血壓藥物如 Captopril, Felodipine, Nifedipine, Furosemide, Hydrochlorothiazide。 2. 心絞痛藥物如 Isosorbide, Nitroglycerin（NTG）。	增加藥物發生低血壓副作用的風險。包括頭暈、視力模糊、疲倦、虛弱、全身無力等症狀。

注意：本表格整理自衛生福利部食品藥物管理署及醫療相關單位衛教資料。內容僅供參考，若有疑慮，請先諮詢您的家庭醫生。

各式酒杯

好馬配好鞍，好酒也要配好杯

1. 葡萄酒杯：杯肚寬、杯口窄、杯柄細長的優雅外觀不僅賞心悅目，也深具實用意義。寬廣的杯肚能增加紅酒與空氣接觸面積，助於醒酒。而白酒不需要醒酒的過程，為了保留低溫與香氣，杯肚與杯口都明顯窄於紅酒杯。香檳杯（Champagne Flute）要避免口感靈魂的氣泡逃逸，整體杯身自然就做得更苗條了。細長的杯柄是三種杯子的共同點，藉由手持距離酒體較遠的杯腳避免對溫度敏感的葡萄酒風味走樣。

2. 調酒杯：根據酒種的不同，最常見的是高球杯（Tumbler）與雞尾酒杯（Goblet Glass）。高球杯俗稱Highball Glass，常混用於結合碳酸飲料或果汁如新加坡司令、螺絲起子等酒譜。倒三角形的雞尾酒杯常見於口感相對較濃重一點的短飲型調酒如柯夢波丹、馬丁尼等。

3. 威士忌杯：為了依需求放入圓形冰球或冰塊、並承受冰塊撞擊，威士忌用的古典杯（Old-fashioned Glass）杯口寬大、外型圓胖底部厚實，又稱為Rock杯。

4. 烈酒杯（Shot Glass）：烈酒酒精濃度甚高，動輒40％起跳自然不適合大口豪飲，常見的規格有30毫升與60毫升兩種，分別就是女性與男性一天的適飲量，喝完這杯就該準備回家了（雖然shot杯好像常常都是一排一排上來的……）。

5. 啤酒杯：帶有把手與粗曠豪邁風格的札啤杯（Beer Mug）是最普遍的啤酒杯。手把設計可以避免冰涼啤酒受體溫影響而太快升溫。德國傳統陶瓷製的Stein也屬於札啤杯的一種。根據泡沫、容量及香氣的不同，啤酒杯還有皮爾森杯（Pilsner）、品脫杯（Pint）、鬱金香杯（Tulip）等數種。

小知識

還要準備對應的杯子好麻煩啊，不能直接幫我裝好嗎？小7就買的到的「Twisted Shotz」將兩種不同的利口酒以螺旋分格片裝在25毫升的小烈酒杯，只要對準中間同時飲用就能在口中完成B52、莫斯科騾子、幸運星等多款經典雞尾酒。雖然相對於容量似乎好像不那麼划算，但非常適合偶爾想嘗鮮的人。

波爾多杯

勃根地杯

鬱金香杯

通用杯

標準杯

香檳笛型杯

甜酒杯

威士忌古典杯

烈酒杯

高腳杯

白蘭地杯

鬱金香
品脫杯

英式波點
品脫杯

鬱金香杯

札啤杯

小麥啤酒杯

被禁的酒

被禁的酒在網路詢問度都好高，搞負面行銷嗎？

除了一度惡名昭彰的苦艾酒之外，歷史上直至今日仍存在著因為不同理由而被禁的酒。

1. 紅軍卡拉什尼科夫伏特加（Red Army Kalaschnikow Vodka）：這款俄羅斯伏特加禮盒包含一瓶優質小麥與純淨泉水多重過濾蒸餾而成的伏特加、六個烈酒杯與一小瓶草藥利口酒，聽起來是送禮自用兩相宜的好商品，卻因違反了英國酒類經營銷售法（UK Alcohol Marketing Laws）而被禁止進口。因為該伏特加的瓶身設計成精美的透明AK–47，旁邊附贈的利口酒瓶是顆維妙維肖的手榴彈。

2. 鯨魚皮蘇格蘭威士忌（Whale Skin Scotch Whisky）：二〇一二年時，大都會警察局野生動物組（The Raid by the Metropolitan Police's Wildlife Unit）查獲倫敦一間名為Nightjar的人氣酒吧所推出的雞尾酒「Moby Dick」將鯨魚皮浸泡在蘇格蘭威士忌中。酒吧負責人出面道歉同時承諾會將過去這款雞尾酒的收入全數捐給鯨魚保護慈善機構。

3. Four Loko：這瓶外觀青春洋溢幾乎可能被誤以為是汽水的美國啤酒卻是惡名昭彰的「斷片酒」及「失身酒」。容量高達695毫升的Four Loko售價僅三美元左右，加上水果風味十分順口而受到大學生歡迎。然而，在二〇〇八年造成多起青少年意外猝死與住院的案例讓有關當局不得不正視這問題。二〇一〇年時，美國食品藥品監督管理局（FDA）對該公司（Phusion Projects）發出警告，認定Four Loko在酒精飲料中添加咖啡因實屬違法，要求回收產品並限期改善。咖啡因的危險性在於模糊酒精對身體的影響，造成身體感官誤判酒精中毒程度，一旦感受到酒精作用時往往為時已晚，措手不及。

小知識　一年一度的英國啤酒節（Great British Beer Festival）在二〇一九為「該禁的酒」下了一個新的定義，那就是一尊重。過去許多腥羶色物化女性的酒標（如：描繪穿著性感洋裝的 Dizzy Blonde）與品名（Slack Alice，Leg Spreader）都被列為拒絕往來戶。

酒測器原理

勿存僥倖！口腔裡的食物是影響不了肺部空氣的。

氣體在液體中的溶解度與在大氣中的分壓成正比，換句話說，在定溫定壓的情況下，血液中的酒精濃度跟肺中的酒精濃度會有一定的比例，基於這個原理，藉由呼氣推斷血液實際酒精濃度的理論稱為「亨利定律」（Henry's Law）。酒精檢測器使用的檢測方法有物理性的「紅外線吸收光譜法」「導電度法」及化學性的「溼化學法」「電化學法」。

1. 紅外線吸收光譜法（Infrared Spectroscopy）：酒精會吸收特定波長的紅外線，根據測得紅外線數據便能分析酒精含量。不過如果受測者是糖尿病患者或是正在進行低醣食物節食法，都可能因為體內丙酮含量過高導致檢測數值不準確的偏高。

2. 導電度法（Conductivity）：半導體感測器上一旦吸附液態酒精，導電度就會改變，這原理便是利用增加的導電度推算酒精濃度。

3. 溼化學法（Wet Chemistry）：這個檢測法的原理跟測量酸鹼值的石蕊試紙有點雷同。採用重鉻酸鉀（$K_2Cr_2O_7$）、高錳酸鉀（$KMnO_4$）或五氧化二碘（I_2O_5）做為氧化劑，酒精氧化成醋酸的同時也會讓氧化劑產生不同的顏色變化重鉻酸鉀從原本的橘紅色轉為綠色、高錳酸鉀的紫紅色變成棕色、無色的五氧化二碘則會出現藍色。氧化劑的變化強度跟酒精濃度會成正比，再以光度計測量變化情形，就可以知道濃度是否過高了。

4. 電化學法（Electrochemistry）：身體代謝酒精所產生的醋酸在通過燃料電池時會產生電流，酒精愈多，相對流量愈大，因此觀察電流量增加的幅度便可推算幾杯黃湯下肚。

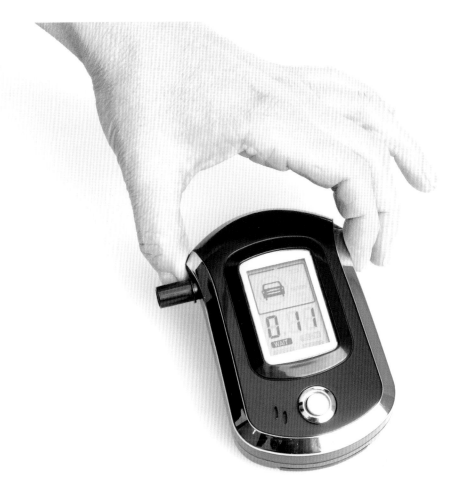

版權歸屬於：sylv1rob1/Shutterstock.com

有些人問「到底喝多少酒酒測就不會過？」，關於這點有興趣的人可以參考 Joeman
跟恩熙俊的合作影片「酒測實驗！到底喝多少算酒駕？」結論是只要有喝酒都不要駕駛！即使
只有半罐一罐啤酒！順帶一提，影片中的 shot 好像是蘇格登 12 年單一麥芽威士忌醇雪莉版，
雙桶雪莉工藝法，讓作品加倍香醇有層次。

大庭廣眾喝酒會出事

為什麼美國影集裡的人買酒都要偷偷摸摸裝在紙袋裡？

有次在朋友的臉書動態上看到她分享買了啤酒在7-11座位區休閒小酌的照片，卻意外開啟了超商究竟能否飲酒的討論串。臺灣法律目前沒有相關的限制。But！其他國家就不是這麼一回事了。

美國飲酒規範屬於州法，能否在公開場合飲酒因州而異，不過多數管轄區都是禁止的。除了酒吧、餐廳跟球場，在公園、人行道、圖書館、學校等任何公共場所飲酒甚或拿著開瓶的酒都是違法。根據美國《Open Container Laws》法規明定，只要在車廂中發現打開的酒精飲料直接就視為酒駕，就算真的一滴都沒沾也沒得商量，員警連酒測器都不用就直接送你一張小紅單。難怪筆者常在電影影集看到外國人買酒時都要裝在紙袋裡，總覺得增加垃圾之餘又多此一舉，原來是欲蓋彌彰啊！

加拿大除了魁北克省之外，只能在領有合法執照的場所飲酒，根據《酒牌法》（Liquor Licence Act）第三十一（二）條明定，在公開場合飲酒或持有開瓶的酒精飲料將處以罰鍰，執法者有時也會採口頭警告，但是會要求違法者自行執法，也就是現場親自將酒倒光光，這種處罰方式確實滿心痛的。比較特殊的一點是，「露營場地」歸為臨時住所而不是公共場合，是少數可以在大自然中微醺卻免責的地點。

基於國情（回教國家基本上只有杜拜喝的到酒）與執法嚴謹度的不同，輕則燒掉幾千美元，重則來個監獄短期旅遊。出國旅遊在不確定各國法規的情況下，建議還是別以身試法，將美酒帶回下榻處再享用還是保險一點。

小知識 野餐時帶著一瓶紅酒好重又怕喝不完嗎？筆者發現一個好東西─蘿拉莫拉桑格利亞水果酒（Lola Mola Sangria），以西班牙高品質紅酒與地中海甜橙製成的桑格利亞香味清新明快不甜膩，250毫升攜帶方便飲用也沒壓力。

酒類代稱
人生得意須盡歡，莫使金樽空對月

熟識的朋友想要同歡小酌時常常都會發展出獨有的暗號或代稱，像是「（酒吧名稱）見」「大家各帶一瓶十點誰家集合」之類的。古代文人多雅興，怎麼可能錯過這個賣弄文字的好機會？酒的代稱林林總總加起來超過上百宗，這裡簡單挑幾個比較常見，也比較可能記得住的跟大家分享。

1. 杜康：「何以解憂，唯有杜康」－曹操《短歌行》。傳說夏朝的杜康是酒的發明者，虛構的故事拿來加油添醋也不會有人抗議，造酒祖師爺的名字就這樣直接當作酒的代稱了。

2. 般若湯：「曲肱但作吉祥臥，澆舌惟無般若湯」－謝逸《聞幼盤弟歸喜而有作二首其二》。佛家眼、耳、鼻、舌、身、意六根清淨，理論上是禁止飲酒的，禁不住誘惑而偷嚐禁果的僧人為了免責只好將自己杯中的違禁品稱為「般若湯」。現在我知道小時候老爸說他在喝的「白開水」為什麼聞起來不一樣了。

3. 杯中物：「天運苟如此，且進杯中物」－陶淵明《責子》。才氣縱橫的陶潛視名利如浮雲，然而看著五個孩子對文學都毫無熱情，年紀最小的還滿腦子只有食物而已，天下父母心，憂心的陶淵明寫下了這首詩表達望子成龍的期許，但在最後兩句還是回到雲淡風輕的釋然「既然天意如此，那我還是把自己灌醉吧」。

4. 凍醪：「雨侵寒牖夢，梅引凍醪傾」－杜牧《寄內兄和州崔員外十二韻》。「醪」是穀物發酵後，未經蒸餾程序的一種濁酒，狀態跟酒釀產不多。凍醪指的就是在寒冬之時釀造、春天時飲用的酒。

5. 壺觴：「東都添個狂賓客，先報壺觴風月知」－白居易《將至東都寄令孤留守》。「觴」是專用於盛裝酒的器皿，因此當對方說「來個壺觴！」自然也就是要喝酒的意思。觴也可以當成敬酒或催人喝酒的動詞使用，如《呂氏春秋·恃君覽·達鬱》中的「管仲觴桓公」。

酒 的 熱 量

酒類	容量（毫升）	熱量（kCal）	需逛街（分鐘）	需游泳（分鐘）
紅葡萄酒	一杯（150ml）	105	36	5.14
白葡萄酒（辛口）	一杯（150ml）	97	23	4.75
白葡萄酒（微甜）	一杯（150ml）	105	25	5.14
白葡萄酒（甜）	一杯（150ml）	135	32	6.62
白葡萄酒（氣泡）	一杯（150ml）	110	26	5.39
香檳	一杯（150ml）	70	17	3.43
螺絲起子（Screwdriver）	一杯（150ml）	180	43	8.82
瑪格麗特（Margarita）	一杯（150ml）	157	37	7.7
威士忌酸酒（Whiskey Sour）	一杯（150ml）	125	30	6.13
白色蘭姆酒（Bacardi）	一杯（150ml）	118	28	5.78
伏特加（Vodka）	一shot杯（30ml）	65	15	3.18
深色蘭姆酒（Dark Rum）	一shot杯（30ml）	65	15	3.18
龍舌蘭酒（Tequila）	一shot杯（30ml）	65	15	3.18
白蘭地（Brandy）	一shot杯（30ml）	65	15	3.18
蘇格蘭威士忌（Scotch）	一shot杯（30ml）	65	15	3.18

小知識　曾經紅極一時的「星空酒」是情人約會、紀念日首選，如寶石般閃爍的酒液讓浪漫之夜增色不少。銀河的祕密是細磨成粉的烘焙用水晶糖在食用色素中悠游的效果。

國家圖書館出版品預行編目資料

品酒入門指南：從歷史、釀製、品酒到選購，帶
你認識101個實用酒知識 / 鄭菀儀著 . — 初版 . —
臺中市：晨星 , 2021.10
　　面；　公分 . — （看懂一本通；008）
　ISBN 978-626-7009-08-6（平裝）

1. 酒業　2. 酒

463.8　　　　　　　　　　　　　110009784

看懂一本通
008

品酒入門指南

從歷史、釀製、品酒到選購，
帶你認識101個實用酒知識

作者	鄭菀儀
主編	李俊翰
校對	李俊翰、李牧恩、林宜諺
版型設計	王志峯、張蘊方
封面設計	柳佳璋
內頁編排	張蘊方

創辦人	陳銘民
發行所	晨星出版有限公司
	台中市 407 工業區 30 路 1 號
	TEL：（04）23595820　FAX：（04）23550581
	http://star.morningstar.com.tw
	行政院新聞局局版台業字第 2500 號
法律顧問	陳思成律師
初版	西元 2021 年 10 月 01 日
再版	西元 2023 年 07 月 24 日

讀者服務專線	TEL：（02）23672044 /（04）23595819#230
讀者傳眞專線	FAX：（02）23635741 /（04）23595493
讀者專用信箱	service@morningstar.com.tw
網路書店	http://www.morningstar.com.tw
郵政劃撥	15060393（知己圖書有限公司）

印刷	上好印刷股份有限公司

定價：350 元

（缺頁或破損的書，請寄回更換）

ISBN 978-626-7009-08-6

掃瞄 QRcode，
填寫線上回函！